A BOOK APART SERIES
Brief books for people who make websites

THE BUSINESS OF UX WRITING

UXライティング
というビジネス

Yael Ben-David 著
奥泉 直子、池田 茉莉花 訳
UX DAYS PUBLISHING 監訳

The Business of UX Writing
by Yael Ben-David

Copyright © 2022 Yael Ben-David

Published in 2022 by A Book Apart, LLC

All rights reserved. No part of this publication may be reproduced or transmitted in any form or by any means, electronic or mechanical, including photocopy, recording or any information storage and retrieval system, without prior permission in writing from the publisher.

JAPANESE Language edition published
by Mynavi Publishing Corporation , Copyright © 2024

Japanese translation rights published by arrangement with A Book Apart, LLC through Web Directions East, LLC.

● サポートサイトについて

本書の参照情報、訂正情報などを提供しています。
脚注で示した参考リンクはこちらからもご確認いただけます。

https://book.mynavi.jp/supportsite/detail/9784839984748.html

- 本書日本語版の制作にあたっては正確を期するようにつとめましたが、著者、翻訳者、監修、出版社のいずれも、本書の内容に関してなんらかの保証をするものではなく、内容に関するいかなる運用結果についてもいっさいの責任を負いません。あらかじめご了承ください。
- 本書中の解説や情報は、基本的に原著刊行時の情報に基づいています。日本語版の制作にあたって適宜訳注を補っていますが、執筆以降に変更されている可能性がありますので、ご了承ください。
- 本書中に登場する会社名および商品名は、該当する各社の商標または登録商標です。
- 本書では®マークおよび™マークは省略させていただいております。

訳者まえがき

　本書『UXライティングというビジネス』は、直接間接を問わずUXライティングに関わるすべての方々のための一冊です。近年、UXライティングの重要性に注目が集まりつつあります。しかし、その真価を十分に理解したうえで専門家を常駐させている企業がどれほどあるでしょうか？

　著者のヤエル・ベン＝デイビッド氏は、ビジネス視点を持ったUXライティングを探求する、数少ない専門家のひとりです。UXライティングの価値が十分に理解されていない現状には、UXライターがユーザー中心主義に傾倒し過ぎていることやビジネスの視点が足りていないことが背景にあると主張しています。そして、豊富な実例を使って、ビジネスの目標達成に寄与するUXライティングの在り方を提案します。

　UXライターは、実際に文章を書き始める前に、UXライティングが貢献すべきビジネス目標を特定し、その投資収益率（ROI）を測るための指標を定めるべきです。そして、そのROIを最大化するために、改善プロセスを構築したり組織体制を整えたりすることもUXライターが担うべき役割です。他にも、適切なタイミングでプロジェクトに関与する方法や関係者とのコミュニケーションにおける心得など、UXライターが影響力を向上させるための方法が、本書には惜しみなく盛り込まれています。

　ただし、具体的なコピーを書く時の作法や文章術に主眼を置いた内容ではありませんので、そうした内容をお求めの方は別の専門書にあたってください。

　訳者の知る限りでは、UXライティングの専門家を雇用している日本企業はSmartHRやヌーラボなど一部に限られます。別の肩書きで、知らず知らずのうちにUXライティングを担っている人も多いかもしれません。専門家としてその道を究めることを目指していこうという方々には、本書が絶好のガイドとなるはずです。間接的にUXライティングに関わっておられる方々にとっても、UXライティングの役割を深く理解し、協力体制を固めるための足掛かりとなるでしょう。

　本書を通じて、ユーザーとビジネス双方に価値をもたらすUXライティングの知見が深まっていくことを願います。

2024年11月
奥泉 直子、池田 茉莉花

序文

　私は、行き過ぎるほどにユーザーエクスペリエンス（UX / User eXperience）を擁護してきたUXライターのひとりです。UXにもっと投資し、もっと配慮し、そして、もっとユーザーを考慮するよう、ビジネスの意思決定を担う人たちと顔を突き合わせて激しい議論を重ねてきました。

　しかし、共に取り組むほうがずっと賢かった……。当時の私は理解していませんでしたが、プロダクトマネージャーやジェネラルマネージャー、C-Suite[1]と称されるステークホルダーなど、ビジネスの意思決定を下す立場にいる人たちの多くはユーザーが必要だということをしっかりと理解していました。そしてユーザーを獲得するために、私のコンテンツチームが提供するスキルを求めていたのです。コンテンツがユーザーを引きつけられなければ、会社が期待するスピードでビジネスニーズが満たされることはありません。

　この本の中で、Yael Ben-David（ヤエル・ベン＝デイビッド）は、私たち多くのUXライターが直面する「意思決定の場に参画する」ための苦労を巧みに説明し、その場をどう活用するかに重点を置くよう挑戦を促しています。さらにヤエルは、UXライティングへの投資に対して、UXライターが確実にリターンを提供できるようにするための実践的なフレームワークを提供します。このフレームワークは、ユーザーだけでなく、ビジネスという広い文脈とその倫理的な影響について考慮することを推奨するとともに、多部門のステークホルダーたちとの連携を推進するために欠かせない「共通言語」を示すものになっています。

　この本とその中で紹介されている数々のアイデアが、UXライティング（およびコンテンツデザイン）をより効果的で、より価値のある仕事へと導くきっかけになることでしょう。本書がどんな影響をもたらすのか、とても楽しみです。UXライティングの成果を測ったり、そのためのテストを行ったり、成功事例を出版したり、共有したりといった動きがきっと広がるはずです。

　顧客に、ビジネスに、そしてUXライティングを担う同僚たちにもっと貢献したいとお考えなら、本書が最適なスタート地点になるはずです。さあ、ページをめくりましょう。

Torrey Podmajersky（トーリー・ポドマジェルスキー）

―― 『Strategic Writing for UX』の著者

※1　C-Suite：CEO（最高経営責任者）、CFO（最高財務責任者）、COO（最高執行責任者）など、会社の経営を司る「C」から始まる役職の総称

謝辞

本を書くという夢を叶えるチャンスをくれた A Book Apart の Katel LeDû（カテル・ルドゥ）と Lisa Maria Marquis（リサ・マリア・マークイス）に心から感謝します。私に「できる」と思わせてくれた Torrey Podmajersky（トーリー・ポドマジェルスキー）、「すべき」と思わせてくれた Sarah Richards-Winters（サラ・リチャーズ＝ウィンタース）、そして初期の原稿を丁寧にレビューしてくれた Patrick Stafford（パトリック・スタッフォード）、本当にありがとうございました。

私が UX ライティングの世界でやってこられたのは、基礎を叩き込んでくれた最初のメンター、Ofer Karp（オファー・カープ）と Gahl Pratt Pardes（ガール・プラット・パーデス）のおかげです。深く感謝しています。

Fundbox の素晴らしいチーム、Naama Hirsh（ナーマ・ハーシュ）、Shir Lavi（シャー・ラヴィ）、Shiran Birenbaum（シラン・ビレンバウム）、Sonia Sheinman（ソニア・シャインマン）、Noa Saroya（ノア・サロヤ）、皆さんありがとうございました。中でも、本書の画像はもちろん、私が世に出すあらゆるもののデザインをいつも美しく仕上げてくれる Michal Simkovits（ミハル・シムコビッツ）、そして恩師の Nadav Yaron（ナダヴ・ヤロン）には特に感謝しています。

夫の Josh（ジョシュ）、そして 3 人の子どもたち、Maya（マヤ）、Adelle（アデル）、Ori（オリ）、大切なものを見失わないようにいつも支えてくれてありがとう。

最後に、祖父母の Lil（リル）と Dave（デーブ）、Elaine（エレイン）と Cal（カル）、そして両親の Carol（キャロル）と Alan（アラン）、今の私があるのはあなたたちのおかげです。本当にありがとう。

目次

003 訳者まえがき
004 序文
005 謝辞
008 はじめに

011 **Chapter 1**
UXライティングのこれまでの歩み

014 UXライティングの歴史をたどる
019 UXライターの今
034 UXライターのコラボレーション
040 これからのUXライティング

041 **Chapter 2**
UXライティングとビジネスが出会う場所

042 ビジネスパートナーを知ろう
048 KAPOW（カポウ）
068 本質を解明するステップへ

069 **Chapter 3**
UXライティングでROIを向上させる方法

072 意思決定の場に参画する
083 フリクションを減らす
088 ユーザーのモチベーションを高める
093 評判を高める
101 ローカライゼーション
102 実現するための成果の測定へ

103 **Chapter 4**

論より証拠！ UX ライティングの成果の測定

105 測定を始める前の準備
114 定量データの測定手法と指標
126 定性データの測定手法と指標
136 より広い視野を持つ

137 **Chapter 5**

ビジネスに貢献する UX ライティングの力

139 Content Ops（コンテンツオプス）
145 ボイス＆トーン
153 会話デザイン
156 プロジェクトマネージメント
165 「チーム」になろう！

166 さらにその先へ！
169 リソース
175 参考文献
178 訳者あとがき
179 索引
181 著者について
182 翻訳者について
183 監訳について
183 A Book Apart について

はじめに

　デジタルプロダクトは、この数十年で大きく進歩しました。テクノロジーの進化が**ユーザーエクスペリエンス**（**UX / User eXperience**）を引き上げています。インターネットやSNSの力で情報やプロダクトが広く拡散する可能性も高まっています。しかし、それぞれが独自に進化するだけでは、次の大きな飛躍を期待できません。今こそ、分野を超えた連携と水平思考の力を活用し、日々の業務に包括的なアプローチを取るべきです。他者からリソースを奪い、優先権を得るという考え方を超える必要があります。同じデジタルプロダクトに関わる人は、同じ最終目標を共有しているはずです。その目標を達成するために、各自の専門性を持ち寄り、共に高みを目指す方法を考えることが重要ではないでしょうか？

　手を取り合って変革を実現しようとするなら、私たちはユーザーとビジネス双方の利益を共に優先する必要があります。私の専門領域である「**UXライティング**（**UXW / User eXperience Writing**）」の世界には、ユーザーとビジネスの間に長きにわたる緊張関係が存在しています。本書はその状況を一新することを目指しています。UXライター、ユーザー、ビジネスの三者は緊密に関連しています。ユーザーは自分が使えるプロダクトをビジネスに求めます。そのビジネスの成功にはユーザーのエンゲージメントが必要です。UXライターがプロダクトに添える「コピー」を書く時には、ユーザーにとって最適なバージョンとビジネスにとって最適なバージョンを分けて考えてはなりません。私たちは両者の目標を達成する「コピー」を生み出すべきです。

　ユーザーのニーズに応えようとすることが、ビジネスの邪魔をするどころか、逆に利益を生んだ例として、MRI装置[※1]を設計したDoug Dietz（ダグ・ディーツ）の経験を紹介しましょう。彼がはじめて設計したMRIは医療技術の最高水準を満たしており、ビジネスチームとプロダクトチームを大いに満足させるものでした。しかし、装置に入ることを拒む小児患者もいました。ディーツが関わる前は、小児患者の80%がMRI検査を受けるために鎮静剤を必要とし、それ

※1　MRI装置（磁気共鳴画像装置）：磁場と電波を利用して体内の断面画像を詳細に取得する医療機器

ほど緊張した子どもたちをなだめて手順を進めるのは時間がかかり、精神的にも大変な作業だったため、結果としてMRI検査を受けるのを待っている小児患者の数が多くなってしまっていました。MRI検査を迅速に行えればそれだけ病院の利益につながるわけですから、この状況はユーザーにとってつらいだけでなく、ビジネスにとっても直接的な打撃でした。当初の設計では、この観点は優先されていなかったのです。ディーツは、「ユーザーの快適さに投資すれば当然コストがかかり、プロダクトやビジネスのニーズを損なうことになるのではないか？」という疑問に直面しました。

　ディーツは設計を見直し、大幅に改良されたMRI装置を携えて戻ってきました。各装置は川やジャングル、船やキャンプ場などを模して塗装され、装置内の体験を豊かにするためにデザインされた音や匂いや映像が子どもたちの協力を促しました。たとえば、スキャン中にじっとしてもらいたい時、以前は親が「勇気を出して！」と必死に言い聞かせていたのに対し、「カヌーを揺らさなければキレイなお魚がジャンプするのを見られるよ」と約束することで、子どもたちがカヌーに見立てたベッドの上でじっとしているのを自発的に選ぶよう促すことに成功したのです。細部にまでこだわったイラストやアロマへの投資が大いに価値あるものであったことが証明されました。

　瞬く間に、鎮静剤が必要な子どもの割合は1％未満に減少し、患者の満足度は92％上昇しました。検査が迅速に行われるようになり、検査を待つ小児患者の数も減りました。ディーツのMRI装置は、病院と患者の双方に人気を博し、成功を収めました。両者のニーズが対立するもので、こちらを立てればあちらが立たないと考えていたら、この成功はあり得なかったでしょう。両者に利益をもたらすことに焦点をあてた結果、双方のニーズを満たす方法が見つかったのです。ディーツのTEDトーク[※2]はおすすめですので、ぜひご覧ください。

　UXライティングに取り組む時には、ユーザーのニーズとビジネスのニーズの間に対立を感じることが多いです。たとえば、ユーザーとのコミュニケーションは、各ユーザーに合わせた個別対応が最適だと考える一方で、そうした対応を可能にするためにエンジニアのリソースを使うのはビジネスの観点では無駄

※2　詳細は https://www.ted.com/talks/doug_dietz_the_design_thinking_journey_using_empathy_to_turn_tragedy_into_triumph を参照

だという考え方もあって相容れません。ユーザーファーストを主張するのは厳しい戦いで、ユーザーニーズへの投資価値を低く見積もろうとするステークホルダーに対して不満を感じることも少なくありません。しかし、**私たち全員が考え方を変えるべき時**が来ています。

私はUXライターとして、しばしば見過ごされがちな「UXライティング」と「ビジネス」の関係性について探求する機会に恵まれてきました。これまで登壇してきたカンファレンスでは、エンドユーザーではなくビジネスの視点からUXライティングについて語るスピーカーは、私以外にほとんどいませんでした。私の知る限り、ビジネス視点に的を絞ったUXライティングに関する書籍もまだ存在しません。UXライティングの需要が高まるにつれ、視野を広げて議論する必要性が増していますし、今こそ行動を起こすべき時です。そうした動きの中で、私が注目してきた「UXライティングとビジネス」の視点がきっと役立つことでしょう。

UXライティングとの関わり方はさまざまだと思いますが、いずれにせよ本書は、あなたのプロセスを改善し、影響力を高めるための新たな視点を提供する一冊です。

どうぞお楽しみください。

Chapter

1

UXライティングの
これまでの歩み

A Short Biography of UX Writing

UXライティング（**UXW / User eXperience Writing**）の役割と責任は、この10年の間に年々増加してきました。世界のハイテクハブとして注目を集めるテルアビブ[※1]で、私がUXライティングの仕事を探していた2018年には、LinkedInから届くアラートは1日に1件程度でしたが、数年でその数は数十件に増えました。需要が増えている理由は単純で、「優れたUXライティングはビジネスにとって有益」だからです。

UXライティングの素晴らしさや、世界がようやくその価値を評価し始めたことに対する安堵について述べる前に、改めてUXライティングの定義を確認し、認識を共有しましょう。

UXライティングとは、プロダクトに関連するコンテンツ全般の作成とメンテナンスを行うことです。

UXライティングは、ビジュアルデザインと同様にUXの核です。UXライターは、UXリサーチャーやプロダクトマネージャーと密に連携し、プロダクトがもたらす体験をユーザーのニーズと目標に見合うものか、期待を上回るものにすることを目指しています。

UXライター（コンテンツデザイナーとも呼ばれます）は、**主にマイクロコピーの執筆とその表示方法の設計を担当**しています。マイクロコピーとは、ボタンのラベルやメニューの項目名、フォームの入力欄に添えられるラベルやプレースホルダーなど、プロダクトの画面を通じた体験に影響するすべてのテキストを指します。チャットボットや音声イン

[※1] テルアビブ（Tel Aviv）：活発なスタートアップやユニコーン企業が集まるイスラエルの主要都市。特にサイバーセキュリティ、人工知能、バイオテクノロジーなどの最先端テクノロジー分野で多くの企業が拠点を置き、豊富な資金と人材を集めることで「世界のハイテクハブ」や「中東のシリコンバレー」として知られるようになった

Chapter 1　UXライティングのこれまでの歩み　　A Short Biography of UX Writing

ターフェース（会話デザインとも呼ばれます）のスクリプトもマイクロコピーです。UXライターは、プロダクトのインターフェース以外でユーザーのジャーニーを支えるコピーも作成します。たとえば、トランザクションメール[2]の文面やSMSテキスト、プッシュ通知などです。

　執筆をしていない時は、自分たちが書いたものを測定し最適化しています。また、コンテンツ制作プロセスと社内のコラボレーション、そしてコンテンツの文書化などを支えるシステムの構築や保守にも取り組んで、継続的な規模の拡張に備えます（総称してコンテンツオペレーション[3]と呼ばれます）。プロダクトのボイス＆トーン[4]を管理するのもUXライターの役目です。

　なかなかの仕事量です。Webサイトが生まれ、ユーザーがデジタルプロダクトやデジタルサービスを利用するようになって以来、どれも必要不可欠な仕事ではありましたが、担当者が常駐するという状況ではありませんでした。かつて、UXはそれほど重視されていなかったのです。デジタルプロダクトがユーザーを求める以上に、ユーザーがデジタルプロダクトを欲していた時代、両者のパワーバランスは釣り合っていませんでした。ユーザー数がそもそも少なかったこともあり、ユーザーに合わせてプロダクトを設計するのではなく、ユーザーがプロダクトに合わせることが余儀なくされていました。そして、当時はそれで問題なく機能していたのです。
　しかし、すべてが変わりました。

※2　トランザクションメール：ユーザーのアクションに応答してシステムから自動送信されるメール
※3　コンテンツオペレーション（Content Ops / content operations）：コンテンツの開発と運用の両担当者が密に連携して柔軟でスピーディーな開発と運用を実現しようとする考え方やその方法論。「Content Ops」と略されることが多いため、本書でも以降はそれにならう
※4　ボイス＆トーン（voice and tone）：プロダクトがユーザーとコミュニケーションを取る時の言葉づかいや表現方法のこと。ボイスは全体的な人格やスタイルを、トーンは具体的な状況に応じて調整される語り口を指す

UXライティングの歴史をたどる

　では、コンピューターが本格的に一般消費者向けに普及し始めた時期から見ていきましょう。

■ パソコンの誕生と普及

　1980年代にパソコンが誕生し、普及するようになると、コンピューター業界はプロダクトのユーザビリティ向上に取り組まざるを得なくなりました[※5]。突如として、多くの個人がパソコンを所有するようになり、デジタルプロダクトの利用が一般的なものになりました。ユーザーに技術の習得を期待するのではなく、プロダクトがユーザーの使い方に合わせなければデジタルプロダクトの成功は望めないという状況になりました。ついに、人間がコンピューターの言語を理解する必要はなくなり、コンピューターの方が人間の言葉を理解しようとし始めたのです。

　それに伴って、UXの重要性がさらに高まりました。ユーザビリティの向上は売上に直結し、デジタルプロダクトを提供する企業は生き残るために売上を必要としました。ユーザーとビジネス両者のニーズが結びつき、成功するも失敗するも一蓮托生という状況になったのです。

　パソコンの普及は進み、個人がパソコンを所有することはあたり前になりました。しかし、当時のデジタルプロダクトは、まず販売され、ユーザーはそれを購入してはじめて利用できるという仕組みでした。つまり、お金を払う前に試すことはできず、購入したCDを持ち帰って、コンピューターのCDドライブに入れ、インストールするのが通常の手順でした。ユーザーが実際にプロダクトを使い始める頃には、企業はすでに

※5　詳細は https://www.nngroup.com/articles/100-years-ux を参照

売り上げを得ていたことになります。Webが現れる前の時代です。

Webの誕生と普及

1990年代になってWebが生まれると、UXの重要性がさらに高まりました。購入してからでなければソフトウェアのユーザーインターフェース（UI / User Interface）に触れられなかった時代は終わり、ユーザーはWebサイトで試してから買うかどうかを決められるようになりました[5]。購入前に体験が評価される時代に変わったことで、企業は優れたUXを約束するデジタルプロダクトを生み出さなければならなくなったのです。

UXの生みの親のひとりとして知られるDon Norman（ドン・ノーマン）がこの言葉を使い始めたのは1993年のことでした。UXが注目を集めるようになったのはこの時です。以来、ビジネスはユーザーとデジタルプロダクトとのインタラクションに注目し、それをより具体的かつ明確に定義し、評価できるようにしなければならなくなりました[5]。その後、UXの分野は成長を続けて成熟に至り、**UXデザイン**（**UXD / User eXperience Design**）、**UXリサーチ**（**UXR / User eXperience Research**）、**UXライティング**（**UXW / User eXperience Writing**）といった専門分野が生まれました。

UXライティングの誕生

「UXライティング」という仕事は、その名前がつく何十年も前から始まっていました。画面上に現れる言葉は、ユーザーのために誰かが書いているはずです。1990年代になって、プロダクトの作り手がそうした言葉を気にかけるようになり、書くことに多大な配慮をするようになりました。しかし、すぐに専門家を雇おうということにはなりませんでし

UXライティングの歴史をたどる　　015

た。当時はまだ専門家が存在していなかったのです。UX ライティング
の必要性が十分に認識されていなかったため、結局、専門家ではない人
たちが書いていました。残念なことに、現在でもすべての企業に UX ラ
イティングを専門で担う人がいるわけではありません。UX ライターが
いない場合は、テクニカルライター、ブログ記事のようなプロダクトの
外に置かれる長文記事を専門とするコンテンツライター、さらにはビ
ジュアルデザイナーやプロダクトマネージャー、（最悪の場合には）エ
ンジニアが UX ライティングを担っています。

■ UXライティングの確立

　UX がますます注目され、その中の専門分野として UX ライティングが
認識されるようになったところでやっと正式に名前が付きました。明瞭さ
や簡潔さに関するベストプラクティス[6]がまとめられるようになり、UX
ライティングに特化した最初の書籍が出版されました。UX のカンファレ
ンスでも UX ライティングが取り上げられるようになり、その後、UX ラ
イティング専門のカンファレンスも生まれました。UX ライターとしての
キャリアを目指す人たちに向けたトレーニングプログラムやブートキャン
プも登場し始めました。分野としての成熟へ向けて、UX ライティングは
より充実し、明確な目的と影響力を持つものになってきたと言えます。

　現在、ほとんどの主要ハイテク企業は専任の UX ライターを 1 人以上
は抱えており、その数は年々増えています。Meta や Wix[7]のように数
百人の UX ライターを雇用する企業もあるほどです。大学のカリキュラ
ムにも UX ライティングのコースが追加されるようになりました。昇進
や管理職としての役割、長期的なキャリアパスなどについての議論は、

※6　詳細は https://www.youtube.com/watch?v=DIGfwUt53nI を参照
※7　Wix（ウィックス）：2006年にイスラエルのテルアビブで設立された企業。Webサイトの
作成とホスティングを提供するクラウドベースのプラットフォーム

UXライティングに関連する世界中のフォーラムで最新の話題として取り上げられています。

■ UXライティングの深化

UXライティングが、特殊なスキルセットを必要とする専門職として認知され、大きな流れをつくるようになるにつれて、さまざまな職種から集まったUXライターたちは共通のアイデンティティを持つようになり、すぐにコミュニティも形成されました。UXライターという新しい役割の基本精神は、**常にユーザーファーストである**ことでした。プロダクトのコピーをユーザーが簡単に受け取り、消化し、理解できるようにするためにかなりの調査が行われました。ユーザーを快適にするのは何か？ 何がユーザーを喜ばせるのか？ 体験を向上させるためには体験のどの部分を改善すべきなのか？ まずユーザーを中心に据えるにはどうすれば良いのか？ などを考慮した結果、最終的にユーザーに耳を傾け、ユーザーの言葉を、時には一言一句たがわずにUIに取り入れるようになりました。1980年代は過去のものとなり、スポットライトはユーザーを照らすようになったのです！

つまり、ユーザーがコンピュータ技術に適応しなければならなかった時代、たとえばDOSで「c://」といったコマンドを入力する必要があった時代に対する反動として、UXライティングは進化してきました。しかし、ユーザーを中心に据えるこのアプローチでは、ビジネスにとっての利益という重要な側面が忘れられがちです。プロダクトを試した後に購入するかどうかをユーザーが決められるようになると、企業は売上を上げるためにUXを改善しなければならなくなりました。それは企業の善意からではなく、UXの向上がビジネスの成功に直結したからです。ところが、1980年から2020年までのどこかで、その部分がなぜか見失われてしまいました。UXライターは、ユーザーのためにビジネスを

UXライティングの歴史をたどる　　**017**

犠牲にして終わりのない闘いをしていると思われがちですが、それは事実とはまったく異なります。ビジネスが成功し、成長するにつれて、そのビジネスがユーザーのニーズに応える能力も向上します。これがユーザーの利益にならないはずがありません。それにもかかわらず、ビジネス全体の健全な成長や利益を無視した狭い視野で、UXライターはひたすらユーザーを重視しているとみなされるようになってしまいました。

　もう少し具体的な例で考えてみましょう。電子メールの宛名をパーソナライズするかどうかを検討しているとします。 たとえば、「こんにちは[名前]さん」と書かれているほうが、ただ「こんにちは」と書かれているよりもUX的には好ましく思われます。しかし、この文字列をコーディングするには、バックエンドのデータベースに、[名前]に入れるべき顧客のデータが保存されていなければなりません。そして、該当するデータがなかった場合にどうすべきかもプログラムしておく必要があります。ユーザーが入力した名前がすべて大文字だったり、小文字で書き始められたりしていた場合に備えてCSSルールを設定し、どのような入力でも同じ体裁で表示されるよう調整する必要もあります。これらの開発コストが5万ドルだとしましょう。それでも、宛名のパーソナライズは良いアイデアと言えるでしょうか？ UXの熱狂的な支持者は「もちろん。どんな犠牲を払っても、常に体験を最適化すべきだ」と答えるかもしれません。しかし、ひとりのユーザーとして考えた場合、メールの宛名に自分の名前が記されるようになるよりも、その5万ドルを新しい機能に投資してほしいと私なら考えます。

　常にトレードオフが存在し、すべてにコストがかかります。何かに費やした1ドルや1時間は他の何かに使えなくなります。UXライティングも例外ではありません。ユーザーとビジネスの双方に同等の利益をもたらすために、**投資収益率**（ROI / Return On Investment）を測定すべきです。UXライティングに対する「ユーザー中心」の改善が、他の

場所に投資されていればユーザーとビジネスの双方に対してより高いリターンをもたらす可能性があることを考慮すると、UXに関連するコピーをめぐる議論はより多面的で複雑なものになります。

　コピーを「ユーザー中心」に書こうとする方向へ必要以上に偏ってしまった状況を修正する時が来ました。ユーザーの成功を最も強力に後押しする「ビジネス」を活用してバランスを取り、ユーザーのニーズをより包括的に解決する策を練る必要があります。

UXライターの今

　UXライターの強みと情熱を生かしてこの変革を実現しなければなりません。そして、進歩はすでに始まっています。

■ ノウハウを文書化する

　『Designed Today』というポッドキャストのエピソード[8]で、ゲストのTorrey Podmajersky（トーリー・ポドマジェルスキー）が著書『Strategic Writing for UX』（『戦略的UXライティング ―言葉でユーザーと組織をゴールへ導く』― オライリージャパン, 2022）の執筆を決意した時について語っていました。彼女はConfab（コンファブ）というコンテンツ戦略のカンファレンスで、UXライターが抱える課題について話し合われているのを耳にしました。それらの課題をすでに解決してきた自分の経験と照らし合わせて、UXライターには次の2つが必要だと気づいたそうです。

※8　詳細は https://podcasts.apple.com/us/podcast/strategic-ux-writing-w-contentstrategist-torrey-podmajersky/id1351536285?i=1000500095278 を参照

UXライターの今　　**019**

- すでに解決策がある問題に時間を割くような「車輪の再発明」を避け、私たちのエネルギーを結集してこの専門分野を前進させる手段
- 成功体験を共有し、共通の課題を克服する方法を共に考える手段

　彼女が学んだ教訓をまとめたその一冊は、今やUXライティング業界の必読書です。以来、ブログ、本、講演などさまざまな形でノウハウの共有が進んでいます。

■ ベストプラクティスをまとめる

　UXライターにとっての基準となる戦略的なフレームワークをポドマジェルスキーが文書化したのと同じ年に、Kinneret Yifrah（キネレット・イフラ）は、実践的なベストプラクティスをまとめた『Microcopy: The Complete Guide』（『UXライティングの教科書 ユーザーの心をひきつけるマイクロコピーの書き方』― 翔泳社, 2021）を出版しました。この本は、新人UXライターには共通の出発点として、すでにキャリアを積んできたUXライターには自分のやり方が間違っていないかどうかを確認するための指針として役立つものとなりました。刊行後すぐに6ヶ国語に翻訳され、50ヶ国以上で出版されたことからも、UXライターたちの興奮とノウハウを求める熱意がわかります。ポドマジェルスキーが戦略面で足並みを揃えるための土台を提供し、イフラがその実践方法を示してくれたおかげで、私たちは順調に前進しています。

　とは言え、多くの慣例はデータにもとづいて徐々に更新されてきました。良い仕事をするには、業界の最新動向を追いつつ、自身も学びを共有し、貢献する態度が大切です。各自がUXライティングに対する責任と当事者意識を持ち、日々の業務を通じた学びを共有することで、コミュニティ全体の知識を増やしていくのは私たち一人ひとりの責任なのです。

しかし、特定の雇い主に従わなければならない場合や、フリーランスとして自身の仕事の確保に追われている場合には、これは言うほど簡単ではありません。医学研究に助成金を提供する国立衛生研究所のような組織ができるまで、UXライターは日常業務をこなしながら業界の動向を探り、得た知識を共有する時間を捻出しなければなりません。そうした時間を確保するためには、業界の動向に注意を払うことで得た知見が、雇い主にとっても有益であることをまず示す必要があります。それが実現できたら次は、その知見を一般化して業界で共有してください。

たとえば、キャピタライズ[9]のベストプラクティスについての会話を見てみましょう。

- どんな時に「センテンスケース」を使うべきですか？
  ── ほぼ常に「センテンスケース」を使います。
- 「ALL CAPS」のようにすべて大文字を使用すべき時はありますか？
  ── 非常にまれですが、ないわけではありません。
- どんな時に「タイトルケース」を使うべきですか？
  ── これについては意見が分かれていて、誰に聞くかによります。

見解の一致に至るには証拠が必要になります。Microsoft は、UXライティングに関する経験則の有用性について科学的根拠を示すことを目的として、高速アイ・トラッカーのようなツールを使った厳密な調査を実施しました[10]。その結果、これまで考えられていたようにALL CAPSで書かれたテキストが常に読みにくいとは限らないことがわかりました。

※9　キャピタライズ（capitalization）：文字の大文字小文字の使い方に関するルールやガイドラインを指す。文の最初の単語のみ大文字で始めて、残りはすべて小文字とする書き方を「センテンスケース（例：Sentence case）」、各単語の最初の文字をすべて大文字にする書き方を「タイトルケース（例：Title Case）」と呼ぶ
※10　詳細は https://docs.microsoft.com/en-us/typography/develop/wordrecognition を参照

UXライターの今　021

文字や単語の形状が目や脳におよぼす生理的な制約よりも、見慣れているかどうかのほうにより深い関係がありそうなことがわかったのです。

　同じMicrosoftの調査に、私たちがよく使う「視認性」のようなあいまいなバズワード[※11]に対して、具体的で定性的な指標を設けることを目指したものがあります。たとえば、人間の目は短い単語をすべて読み飛ばす傾向があることが明らかになりました（図1.1）。つまり、CTA[※12]に短い単語を追加しても、ユーザーの操作の妨げになることはないということですから、そこにそれほど悩む必要はないのかもしれません。

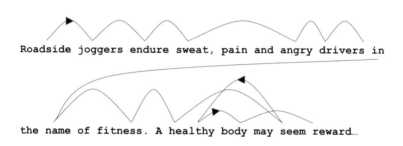

図1.1：Microsoftが発表した典型的な読者の注視点（サッカード眼球運動）を示す図。これによると、人間の目は短い単語を読み飛ばし、中程度の長さの単語は一文字ずつではなくひとまとまりに捉え、時おり既読の単語へ戻って再確認するなどの傾向があることがわかります。

※11　バズワード（buzzword）：特定の分野で一時的に流行し、具体的な意味よりも印象や響きが重要視される言葉
※12　コールトゥアクション（CTA / Call to Action）：ユーザーを具体的な行動に誘導する、またはその行動を喚起するために設置されたボタンやテキストのこと

同様に、Googleはホテル検索ウィジェット[※13]のコピーに関するテストデータを公開しています（図1.2）。彼らは、「Book a room（部屋を予約）」というコピーがユーザーに決断を強いる印象を与え、その時点でのユーザーの気持ちに寄り添えていないという仮説を立てました。実際、ユーザーは部屋を予約する気持ちにはまだ至っておらず、ただ閲覧したいだけだったのです。Googleはこの仮説が正しかったことをデータで裏付けました。コピーを「Book a room（部屋を予約）」から「Check availability（空き状況を確認）」に変更したところ、コンバージョン率が17%向上したのです。機能にはまったく手を付けず、マイクロコピーだけを修正した結果です。おそらくGoogleは、彼らが重視する指標の数値を向上させるためにコピーの微調整が必要だという仮説を立てたのでしょう。結果として、有益なデータが示されることとなりました。それは、ユーザーに何をどうすべきかを伝えるだけでなく、ユーザーのその時の心情に寄り添うコピーにこそ価値があるということです[※14]。

図1.2：Googleが実施した調査で、印象的な結果が出ました。

※13　ウィジェット（widget）：ソフトウェアやWebサイト上で使用される小さな機能やツールのこと
※14　詳細は https://www.youtube.com/watch?v=DIGfwUt53nI を参照

このようなデータの裏付けは、コピーの変更に対するステークホルダーの理解と支持を得るのに驚異的な効果を発揮します。私も、マイクロコピーの変更を推進する根拠としてこの調査結果を活用しました。資金を借り入れるフローの途中で次へ進むためにユーザーがクリックまたはタップする必要のあるCTAに「Draw Funds（資金引き出し）」とラベルが付いたものがありました（図1.3）。 Google の調査結果を読んだ時、「Draw Funds（資金引き出し）」という言葉があまりにも決定的なアクションに感じられ、ユーザーは押すのをためらうのかもしれないと考えました。次の画面では、借りようとしている資金の返済オプションが詳しく提示されるだけで、いきなり資金の借り入れが始まってお金が動くわけではありません。返済オプションの**確認と選択が終わってはじめて**借り入れを開始するCTAを押すことになります。 そこで私たちは、もともと「Draw Funds（資金引き出し）」としていたボタンのラベルを「Review and Draw（確認と引き出し）」に変更しました。

　Googleの統計データが決断を後押ししてくれたからこそ実現した改善です。調査を実施し、その結果をUXライティングのコミュニティで共有することの重要性がおわかりいただけたのではないでしょうか。CTAの文言に問題がありそうだと最初に気づいたのは、ユーザーと直接対話しているチームでした。資金を借り入れたいが「Draw Funds（資金引き出し）」と書かれたCTAは怖くて押せないとユーザーから言われたことをすぐに報告してくれたおかげで、有効な対策を講じることができました。ラベルを「Review and Draw（確認と引き出し）」に変更したことで、ユーザーは安心してフローを完了できるようになり、それはビジネスにも利益をもたらしました。

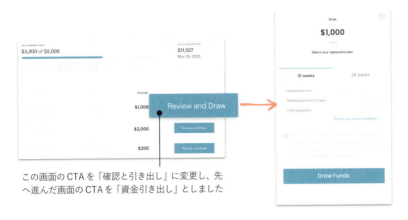

図1.3：Googleのテスト結果にもとづいてマイクロコピーを変更したところ、同様の結果が得られました。

　このラベルの変更においては、ユーザーに共感するコピーの重要性を教えてくれたGoogleの調査結果以外にも活用したものがあります。最初にラベルを変更した時には「Review & Draw（確認 & 引き出し）」という表現を採用しましたが、その後、Content Design Londonのグローバルコミュニティが整備してくれた「Readability Guidelines（リーダビリティガイドライン）」というwikiの内容も参考にしました。「&」マークの使用はアクセシブルでもインクルーシブでもないため、「and」と単語表記することが推奨されるという提案に従って、ラベルを「Review and Draw（確認と引き出し）」に変更したのです。

　MicrosoftやGoogleによる調査結果、リーダビリティガイドラインの内容などを自身の仕事に応用する一方で、自分もコミュニティに貢献する調査を実施したいと考え、「ユーザーがプロダクトに対して抱く信頼」にマイクロコピーが与える影響を調べました。まず私は、フローの中の特定のタッチポイントでユーザーが抱く「このプロダクトを信頼して大丈夫だろうか？」という内なる声に適切に応えるコピーを書けば、離脱率を減らせるという仮説を立てました。自社プロダクトと直接的に

関連し、良い影響をもたらす調査でなければ、社内の支持は得られません。一方で、UXライターの書いた言葉が、ユーザーからの信頼の構築に影響し、長期的なエンゲージメントにつながることを示すデータは社内外で共有する価値があるはずです。

　たとえば、「信頼のバズワード（プロダクトの信頼性を印象付けるために採用する言葉）」を使うだけで違いが出ることがわかりました（図1.4）。メッセージや機能には変更を加えず、「Securely（安全に）」や「Certified（認証された）」といった言葉をコピーに書き足したバージョンと、手直し前のバージョンの両方を読んで感じた、プロダクトへの信頼度を評価してもらうテストを実施しました。ここで重要なのは、どちらのバージョンもコピーの内容はまったく同じで、万全のセキュリティ対策が施されているため情報提供に不安を感じる必要はないということをユーザーに伝えていることです。そして、ちょっとした言葉づかいの差が、プロダクトに対するユーザーの信頼感に影響を与えることがわかりました。

　セキュリティ対策を施すこと自体は私の役目ではありませんでしたが、ユーザーの共感を呼び、必要な情報を提供し、ユーザーがサービスを使いたいと思わせるようにセキュリティの仕組みを**伝える**のは私の仕事でした。ユーザーはこの画面でクレジット（信用貸付）を申し込み、手続きを完了したがっていました。ビジネスとしても、オンボーディングの一部として、ユーザーにこのフローを完了してもらうことが重要でした。つまり、この画面で生じるフリクション[15]を減らすマイクロコピーは双方にとって有益なもので、「信頼のバズワード」がその中で大きな役割を果たしたと言えます。

※15　フリクション（friction）：ユーザーが特定のタスクやアクションを行おうとする時に感じる障壁や抵抗のこと。複雑な手順やわかりにくい指示、それらによって生じる不安や懸念などがこれに含まれる

Chapter 1　UXライティングのこれまでの歩み　　A Short Biography of UX Writing

手直し前のコピー

銀行口座を連携してください。

あなたのビジネスの状況を適切に把握するために、ご利用中の当座預金口座情報が必要です。セキュリティには万全を期しております。

信頼のバズワードを足したテスト用のコピー

セキュリティは万全です。
銀行口座を連携してください。

あなたのビジネスの状況を適切に把握するために、ご利用中の預金口座情報が必要です。セキュリティは第三者機関によりテストされ、安全性が確認されています。

図1.4：プロダクトのセキュリティに対するユーザーの懸念を解消するためにマイクロコピーのテストを実施し、すでに導入されているセキュリティ対策をより効果的に伝えるマイクロコピーを探りました。

　バズワードの効果は合理的に見えないかもしれませんが、その有効性はデータが示しています。どんなツールも使うタイミングが大切です。雇い主は、ライターである私たちにすでに投資しています。コピーに「信頼のバズワード」を追加することは、余計なコストをかけずにリターンを増やすことにつながります。私がこの仮説を検証しようと思ったきっかけは、ある自動車会社のテレビCMに関する記事でした。「Trust us（私たちを信頼してください）」というフレーズを最後に追加するだけで、コンバージョンが上がったそうです。「信頼」という一言、ただそれだけで変化が起きたのです。

　根拠となるデータがあれば、デザインやエンジニアリングのコストが見合わないと反対意見が出てきても変更を推進できます。だからこそ、UXライティングのコミュニティをあげて調査を続け、共有していくことが重要です。特に、自社がスポンサーとなり直接的な恩恵を受ける可能性のある調査や、業界全体でデータが不足している調査であればなお

さらです。たとえば、私が自社で行った先の調査は、結果がプロダクトの重要なタッチポイントに即座に影響を与えると約束して、調査を正当化しました。もちろん、この調査結果はUXライティングのコミュニティ全体にも利益をもたらしましたが、それは自社にとっての投資収益率（ROI）の向上という建て前があってこそです。コミュニティの成功を目指すならば、誰もが参照できる、信頼性の高い調査基盤の構築を目指さなければなりません。

■ 知見を共有する

UXライターたちは個々に知識や情報を蓄積し始めましたが、それだけでは不十分でした。私たちは言葉を扱うプロとして、言葉を交わし、互いに協力し合う必要があります。そこで2020年、ConfabのプロデューサーであるBrain Traffic[16]が、初のUXライティング専門カンファレンスを開催し「Button（ボタン）」と名付けました。パンデミックとロックダウンで世界中が経済的に困難な状況にある中、さらにアメリカでは政治的な動揺と社会的な混乱が深刻な状態であったにもかかわらず、500人以上のUXライターやそれに近い職種の人たちが3日間オンラインで集まり、自分たちの経験や気づき、新たな研究成果を共有しました。これは、UXライティングの方向性について国境を越えた対話をするための正式で結束力のあるコミュニティが生まれた瞬間でした。基調講演や「ファイヤーサイドチャット」と呼ばれるカジュアルな対談は生配信されました。Q&AやSlackチャンネルは活気に満ちており、事前録画された講演はオンデマンドライブラリ[17]で視聴できました。ブレイクアウトルームに分かれてのディスカッションや参加者同士の交流を目的としたソーシャルセッションも行われ、多くの対話が生まれま

※16　Brain Traffic（ブレイン・トラフィック）：コンテンツ戦略とコンテンツマーケティングのコンサルティング会社（https://www.braintraffic.com）
※17　オンデマンドライブラリ：ユーザーが好きな時にアクセスして、必要なコンテンツを自由に視聴または利用できるオンラインのコンテンツ集

した。UXライターたちは、ついに自分たちの居場所を見つけたのです。

　Buttonのようなフォーラムは、自分たちの仕事を発信する場となるだけでなく、精神的な支えにもなり、既存の知見を効率よく共有するためにも必要です。もちろん、UXライターとしての経験やUXライティングに関する知見はコミュニティの外にいる人たちにも伝えなければなりません。たとえば、社内でUXライティングについてのプレゼンテーションやワークショップを行ったり、先に触れたような特定のタッチポイントに関するマイクロコピーのテスト結果を共有したり、カンファレンスで学んだプロセスやツール、自分の気づきなどを会社に持ち帰って共有したりすることが考えられます。そうしなければ、私たちが担っている仕事を知ってもらうことができません。

　そして、それは始まりに過ぎません。すべてがカチッとはまった瞬間や、読んだり見たり聞いたりしてきた他の人たちの経験がうまく噛み合った瞬間にあなたの中に生まれたその洞察をぜひ書き留めてください。ツイートであれブログであれ、メモでも報告書でも構いません。業界向けのメルマガに記事を書くのも、一冊の本にまとめるのも良いでしょう。「コンテンツデザイン」という言葉を生み出し、同名の本を執筆したSarah Richards-Winters（サラ・リチャーズ＝ウィンタース）は、特に書籍化を勧めています。「このテーマの本はもうある」なんて考える必要はありません。デザインやプロダクトに関する本は無数にありますが、そのすべてが、唯一無二の内容になっているわけではありません。それぞれの本に価値があり、UXライティングの分野にはまだまだ無限の余地があります。

　「自分に本を書く資格があるか？」ではなく、「なぜ本を書かないのか？」と自問してください。もし何か伝えたいことがあるのなら、その知見をひとり占めするのはむしろかっこ悪いです。自分の考え、経験、視点を共有してください。なぜなら、多様な視点や新しいアプローチ、

既存の知識を踏まえて進化した思考がコミュニティ全体に利益をもたらすからです。本を書いてください。私がそうしたように、あなたもぜひ。

■ 次のステップ

　私たちは今、深く内省すべき時期に来ています。コミュニティが結束した今だからこそ、UXライターの未来を見据えて軌道修正する時です。これまでの道のりや目標の多くは、状況に応じた受動的なものでした。しかし今なら、積極的に動き、自分たちの運命を切り開く力があると感じられるはずです。行き当たりばったりだったかもしれませんが、すでに多くの成果を上げてきたのですから。

　では、私たちは次にどこへ向かうべきでしょうか？ これを機に、一度立ち止まって慎重に考えてみましょう。ビジネスを犠牲にしてもユーザーを優先するという極端な考え方を見直し、ユーザーとビジネスを互いに支え合うパートナーとして捉え直すことを提案します。

　最初のステップは、過度なユーザー中心主義を修正することです。ビジネスが、ユーザーに成功をもたらすパートナーであることを無視する現状を変えるには、コミュニティの力を総動員して知識の共有を促し、他者が共有してくれた発見や気づきを活用して学びを深め、UXライティングとUXライターが進むべき方向について共通の理解を築く必要があります。私たちは、UX最適化の中核に「ビジネスへの考慮」を据えることを目指します。私の知る限り、これを目的とした書籍は本書がはじめてです。

■「私たち」とは誰なのか

　私たちには担うべき仕事があります。ここで言う「私たち」は、UXライティングに従事するすべての人を指します。「UXライター」という

肩書きの人だけでなく、もっと多くの人たちが「私たち」に含まれます。UXライティングの担い手として最も一般的な肩書きはUXライターやコンテンツデザイナーですが、それ以外にも、プロダクトライター、プロダクトコンテンツストラテジスト、コンテンツストラテジスト、UXコンテンツデザイナー、会話デザイナーなどが使われています。

　当初、この分野はあまりにも新しくて、私たちは何と名乗れば良いのかさえわかりませんでした。他の組織で同じような仕事をしている人たちがどう呼ばれているかも知らず、また、自分たちの肩書きに対する理解や意識も十分ではありませんでした。その後、分野としての成熟が進むにつれて、たとえば「マーケティングライター」とは別物の、プロダクトに関わる専門家であることを主張するために「UXライター」という言葉が使われるようになりました。さらにその後、単なるライター以上の役割を果たす存在であることを強調し、デザイナーとして自分たちをブランディングする必要性が生じて「コンテンツデザイナー」という肩書きへ移行し始めます。

　肩書きにはこだわらないという人や、肩書きが違っても実質的な違いはないと考える人もいます。一方で、肩書きは明確に区別されるべきであり、互換性はないと強く主張する人もいます。

　UXライターとコンテンツデザイナーの違いについて、業務範囲の面から詳しく見てみましょう。

- **UXライター**はプロダクト内のコピーを主に担当します。タイトル、サブタイトル、メニュー、ポップアップ、トースト通知、フォーム、エンプティステート（データやコンテンツがない場合に表示される画面やメッセージ）、エラーメッセージなどです。また、トランザクションメールや他のタッチポイントでユーザーが目にするテキスト

UXライターの今　031

も作成します。マイクロコピーがプロジェクトの仕様や目標、そして デザインに適切に組み込まれるよう、プロダクトマネージャーや デザイナーと連携します。最も重要なのは、UX ライターは文法、口 語表現、語彙に詳しい言語の専門家であることです。UX ライティン グの最新のベストプラクティスには常にアンテナを張って学習し、 参照すべきスタイルガイドは完全に頭に入っています。自分たちの プロダクトについては細部まで熟知しており、業界の情報もしっか り理解しています。競合他社のコピーはもちろん、ビジネス目標と ユーザーの目標も把握しています。

- **コンテンツデザイナー**は、コンテンツの構成に重点を置きます。たと えば、ページ上でのコピーの表示方法や情報の段階的な公開方法、画 面をまたいだ情報の関係性などです。また、当然のことながら、デザ インにも精通しています。ビジュアルデザイナーではありませんが、 ビジュアルデザインの原則をしっかりと理解していますし、UX ライ ターとは違って階層構造やナビゲーションの設計にも詳しいです（こ のトピックについて詳しく知りたい方には、Michael J. Metts（マイ ケル・J・メッツ）と Andy Welfle（アンディ・ウェルフル）の『Writing is Designing（邦訳未刊行）』をお勧めします）。コンテンツデザイナー は、UX ライターと同様にライティングを行うだけでなく、戦略的な デザインの役割も担っています。

Brain Traffic の CEO で、Confab と Button の創設者でもある Kristina Halvorson（クリスティーナ・ハルボーソン）との会話の中で、「UX ラ イター」と「コンテンツデザイナー」という 2 つの肩書きの長所と短所 について議論しました。私は、「UX」という言葉を含めることが以下の 理由から重要だと考え、「UX ライター」を支持しています。

- マーケティングチームや他のコンテンツチームでなく、常に、そして 確実に UX チームに所属するため

032 Chapter 1　UX ライティングのこれまでの歩み　A Short Biography of UX Writing

- リクルーターがLinkedInでUXの専門家を検索する際にヒットするようにするため

- UIだけでなく、UXのフローやユーザージャーニーのマッピングにも参加するため

- 機能に関する意思決定に自分の意見が反映されるようにするため。たとえば、ユーザーがプロダクト内でアップグレードをキャンセルできるようにすべきか、それともカスタマーサポートを通さなければキャンセルできないようにすべきかを議論する場にUXライターがいれば、各選択肢がユーザーとビジネスの双方にもたらすメリットとデメリットを議論の場に持ち出せます。

しかし、ハルボーソンは後者の「コンテンツデザイナー」を支持しました。私の考える「UX」という言葉の力や狙いを彼女は否定したわけではなく、どちらかと言うと「ライター」という言葉のほうが潜在的なデメリットが大きいと考えていたのです。彼女の懸念は、「デザイナー」ではなく「ライター」として自分たちを定義することで、自分たちの役割を限定してしまう可能性があるということでした。そうなると、言葉の選択に関することだけが求められ、コンテンツアーキテクチャや段階的な情報公開、戦略などの広範な分野には関与できなくなる恐れがあります。さらには、ビジュアルデザイナーたちと比べて報酬が低くなる可能性も指摘していました。

ハルボーソンは、2010年代初頭にFacebook、Shopify、その他のテクノロジー大手がプロダクトコンテンツ戦略を導入し始めた頃のことを指摘しています。それ以来、私たちのアプローチは以下の3つに分けて考えられるようになりました。

以下は、ハルボーソンへのインタビュー記事からの引用です。

> プロダクトコンテンツ戦略は、振付師や門番のような役割を果たします。つまり、プロダクトチームが担当している範囲内でコンテンツが正しく機能していることを確認するだけではなく、ボイス＆トーンやメッセージングはもちろん、すべてのプロダクトコンテンツが、マーケティング、サポート、技術情報管理などの部門で行われていることとも調和しているかどうかを監督します。
> コンテンツデザインは、プロダクト戦略やデザインと密接に連携し、さまざまなステークホルダーやユーザーと共に要件や機能について考え抜く一連の活動です。
> UXライティングの役割は、実際に「ペンを紙に走らせる」、つまり言葉を紡ぐことです。これは、デザインプロセスの中、通常はスプリントの最中に行われます[18]。

「UXライター」という肩書きを私は引き続き使っていますが、呼び名は何であれ、私たちは同じ業界の仲間です。そして、その一体感こそが私たちの成功には不可欠です。

UXライターのコラボレーション

エンジニア、デザイナー、プロダクトマネージャー、ビジネスステークホルダーなど、あらゆる関係者と日々協力することで大きな成長を遂げることができます。同じ目標を目指す他の専門家たちの、私たちとは

---

[18] https://www.strings.design/blog/the-past-present-and-future-of-uxwriting-and-content-design-an-interview-with-kristina-halvorson（2024年11月時点で閲覧不可）アーカイブサイトにて同内容を確認可能 https://web.archive.org/web/20220401082958/https://www.strings.design/blog/the-past-present-and-future-of-ux-writing-and-contentdesign-an-interview-with-kristina-halvorson

異なる視点から学べることがたくさんあります。

コラボレーションとは、単にドキュメント上でコメントのやり取りをすることではなく、付いたコメントについてしっかり話し合うことです。コメントがなされた理由や背景、意思決定する際に考慮すべき点、各ステークホルダーの立場、共通の目標に向かうための体制づくりなどについて話し合います。各人が持ち寄る意見や視点は、互いに矛盾しているように見える場合もありますが、どう折り合いをつけて同じ目標へ向かっていくかを議論することが大切です。目から鱗が落ちるような気づきをもたらす会話の相手と知り合って損することは絶対にありません。一緒にコピーの仕事をしながら、コピーとは関係のない学びをどれほど得てきたことでしょう。給料をもらうのではなく、むしろ授業料を払うべきだと思うことすらあるほどです。……というのは冗談なので上司には言わないでくださいね。

異なる専門分野のステークホルダーと共に働くのは楽しく充実した時間です。それは同時に、UXライティングの影響力を際立たせるという戦略的な役割を果たす時間にもなります。UXライターが単にコピーを書く以上の実力を持っていることを示しましょう。

■ 必要なのはチームの力

UXライティングの影響力を示すための第一歩はコピーを書くことですが、その続きには次のような人たちの協力が不可欠です。

- データを集めるための計測ポイントをプロダクトに組み込み、テストを実装する**エンジニア**
- 集めたデータを分析する**データサイエンティスト**
- スプリントにUXライティングを盛り込む**プロダクトマネージャー**

- UXという大きなシステムの一部を成すコンテンツを配置する**デザイナー**
- 調査や分析の際に**ユーザー**からもらうフィードバック（たとえ数字というデータがひとつの結果を示していても、ユーザーのフィードバックがそれを覆すことがあります）

　これがすべてではありません。しかし、UXライティングが個人競技ではなくチームスポーツであることがご理解いただけたでしょう。

　最も密なコラボレーションが必要になるのはビジネスステークホルダーです。ビジネスステークホルダーには次のような面で協力してもらう必要があります。

- 私たちが、目指すべき適切な目標に向かっていることを**確認する**。
- UXライティングの成果を測るために最も正確で定量化可能な指標を選んでいるかどうかを**見極める**。
- 出発点とする仮説に対して**認識を揃える**。
- 仮説の検証結果にもとづいて、次に取るべきアクションの決定に**関与する**。
- UXライティングの仕事を増やしていくように**働きかける**。

　「Draw Funds（資金引き出し）」フローを最適化する例（図1.3）に戻って考えてみましょう。

　ステークホルダーにはまず、このプロジェクトがビジネスにとっての最優先事項であることを**確認**し、借り入れの回数と全利用量が成果の測定に適切な指標であることを**見極め**てもらいました。そして、「もしコピーを次のように変更したら、ユーザーはより最適な金額をより頻繁に借り入れるだろう」という仮説に対しての**認識が揃っていることも確認**

してもらいました。仮説の裏付けが取れたら、テスト対象を拡大するという**次のアクションの決定にも関与**してもらいました。対象を拡大しても同様の結果が得られた場合には、UXを向上するためにコピーを変更するという選択肢をこれまで以上に**働きかけ**てくれるようになるでしょう。

　組織全体が一丸となりました。ビジネスステークホルダーは目標の確認、指標の見極め、仮説の認識合わせ、次のアクションの決定、そしてその後の活動の支援を行いました。既存のコピーに「信頼のバズワード」を盛り込んだテスト用のバージョンを慎重に準備したのはデザイナーとUXライターです。プロダクトマネージャーはスプリントにテストを組み込み、エンジニアはテストをコーディングしました。データサイエンティストは結果を測定するためのインフラを整え、分析を手伝ってくれました。

　次は何をするべきでしょうか？　定量的な指標で仮説を検証した結果、効果が確認されたとします。つまりユーザーは、より最適な金額をより頻繁に借り入れています。しかし、この結果を定性的なデータでも検証する必要があります。その理由を知るために、サポートセンターにかかってきた問い合わせの録音を聞いたり、テストで「Draw Funds（資金引き出し）」フローを完了した参加者にインタビューを行ったりしたところ、コピーの変更でフリクションが**大幅に**減少し、ユーザーは何に同意しているのかを理解しないまま、勢いに任せてフローを進めてしまっていることがわかりました。結果としてユーザーは、サポートセンターへ電話をして、手動で手続きを取り消してもらう羽目になっていたのです。この定性データを踏まえれば、以前の「成功」の定義を見直さなければならないことは明らかです。

UXライターのコラボレーション　　**037**

この場合、ユーザーによる資金引き出しの回数を増やすことは、サービスを提供する私たちにとっての最終目標ではなく、手段のひとつに過ぎません。私たちの本来の目標は、自分たちのビジネスの収益を増やすことと、ユーザーが簡単に運転資金を得られるようにしてユーザー自身のビジネスを成長させる手助けをすることです。しかし、もしユーザーが間違った理由で資金を引き出しているとしたら、それは誰にとっても不利益になります。サービスを提供する私たちは評判を損ね、ユーザーに返金するコストを背負わねばなりません。ユーザーは返済能力を超えてお金を引き出してしまうことで、返済の滞納や、口座の残高不足に伴う手数料などの問題を抱えることになります。つまり、数字の増加が必ずしも成功を意味するわけではありません。全員が協力し合ってこそ、誰もが利益を得る真の成功が実現するのです。

■ ローカルコミュニティを作ろう

　多様な組織の一員であることは素晴らしいことですが、唯一のUXライターは時に孤立しがちです。UXライティングに関わる仲間たちと集まる時間が大切です。

　まずは、社内にライターの「ギルド[19]」を作りましょう。わが社のギルドには、唯一のUXライターである私の他に、マーケティングライター、コーポレートコミュニケーションのライター、コンテンツ制作をサポートしているセールス部門のリーダー、コンテンツストラテジスト、ライフサイクルコミュニケーション部門のマネージャーが所属しています。会社が発信するメッセージの優先順位や重要度を決める立場にいるプロダクトマーケター、ソーシャルメディア向けのコンテンツクリエイター

※19　ギルド（guild）：もともとは中世の職人や商人の組合を指す言葉だが、著者は、共通の目的を持つ専門家が集まり、協力し合って知識やスキルを共有する非公式なコミュニティやグループを指して使っている。日本で言う「労働組合」とはまったく意味が違うため敢えて「組合」とは訳さず、ギルドとする

Chapter 1　UXライティングのこれまでの歩み　　A Short Biography of UX Writing

やブランドマネージャーなどを呼ぶこともあります。週に一度は集まって語り合い、専用のSlackチャンネルでも近況を報告し合います。そして、Tシャツも作りました（図1.5）。Tシャツの力を侮ってはいけません！

図1.5：コミュニティの一体感を高める方法はたくさんあります。Tシャツのようなグッズが私のお気に入りです。

UXライターが日常的に連携するのはデザイナーやプロダクトマネージャー、エンジニアです。しかし、アイデア出し、トラブルシューティング、推敲、ネーミングの方針やコンテンツスタイルガイドの維持と品質管理、ユーザーとのコミュニケーションやユーザージャーニーを通じた一貫性の確保など、ライティングに関わるさまざまな作業には、ギルドの仲間との密な連携が欠かせません。

グローバルコミュニティに参加しよう

ポドマジェルスキーは、多くの企業が直面するUXライティングの課題を集めて一冊の本にまとめ、知識の共有を促進しました。Brain Trafficを率いるハルボーソンは、世界中のUXライターが一堂に会するカンファレンスを創設し、最新の課題や解決策、イノベーションを共有する場を作りました。Content Design Londonのリチャーズ=ウィン

タースは、多くの人が寄せてくれる根拠あるデータにもとづく「リーダビリティガイドライン」の制作を続けています。グローバルコミュニティが力を合わせて取り組めば、集団の学びはさらに加速し、ユーザーとビジネスの双方にとって望ましい形でプロダクトに影響をおよぼすことができるようになるはずです。

　私たちは、自らの組織を超えて、業界内外にいるUXライターたちと連携する必要があります。一人ひとりが、UXライティングのローカルコミュニティやグローバルなコミュニティに、さらにはプロダクトが属するコミュニティに貢献しなければなりません。これらのコミュニティに貢献することは、私たち自身、私たちの職業、プロダクトや組織、そして社会全体に恩恵をもたらします。Buttonのようなカンファレンスが新しい参加者や異なる視点を積極的に呼び込もうとするのもこのためです。グローバルコミュニティを育てることで、私たち自身も成長できるのですから、参加しない手はありません。

これからのUXライティング

　何もないところから始まったUXライティングが、ここまで歩んできた道のりを誇りに思います。UXライターはもはや孤独な戦士ではありません。世界中に同志がいます。仲間づくりだけではなく、この分野の知識とイノベーションを共有するために手を取り合いましょう。UXライティングが成功を後押しできると信じてくれている人たちが他の部門にも存在します。しかし成功の鍵を握るのは、ビジネスステークホルダーとの連携です。ユーザーとビジネスの利害は対立するものではなく、無理なく一致するものであるという事実を効果的に活用しましょう。そのためにはまず、お互いをよく知らなければなりません。

Chapter

2

UXライティングと
ビジネスが出会う場所

Where UX Writing and Business Meet

UXライターがビジネス目標の達成に貢献するという本書のテーマは、UXライターがそもそもどうやってビジネス目標を特定するつもりなのかという疑問を呼び起こします。これはUXライティングのブートキャンプで学ぶ類のことではなく、デザインチームへ加入する時のオリエンテーションにも通常は含まれていません（本来は含まれているべきですが……）。UXライターがビジネス目標を理解することの重要性に疑いを持つ人はいないという前提に立ち、ビジネス目標を捉える方法を考えることにしましょう。

ビジネスパートナーを知ろう

まずは問題の根底にある「UXライターとビジネス目標が早くに結びつかない理由」を考えてみましょう。

- UXライターがビジネス目標に興味を持つとは誰も考えなかったため
- そもそも目標が存在しないということもあるため
- 目標が存在する場合でも、それが創業者の頭の中にしかないことがあるため

残念ながら、経営陣の合意にもとづく最新の目標が、誰でもアクセスできる形で文書化されていることはあまりありません。そのため、ビジネス目標の達成に貢献しようとするUXライターは、目標を明確にすることから始めなければなりません。それはつまり、存在するなら見つけ出すこと、あるいは経営陣に対し、はじめて、または改めてビジネス目標を何らかの形で明文化するよう求めることです。

■ ビジネス目標を集めて、文書化する

　ビジネス目標を集めて、文書化する方法はいくつかあります。まず、文書化されたものがすでに存在するかどうかを確認しましょう。マネージャーや同僚、在籍期間が長く社内の諸事情に詳しい人などに尋ねます。全てのUXライターが経営陣と簡単に話せるわけではなく、自分が入社する前に作成された文書について知ることもむずかしいかもしれませんが、同僚やチームメイトとの交流は誰にでもできるはずです。中には、直接上層部に連絡できる人もいれば、上司を通じてお伺いを立てるという人もいるでしょう。立場はどうあれ、果敢に挑めば文書化されたビジネス目標を見つけ出せるかもしれません。

　文書化されたビジネス目標が存在すれば御の字です。Googleドキュメント、Confluence[※1]ページ、PowerPointスライドなど、形式は気にせず、中身を精査します。UXライティングの力を使って貢献できそうな目標を見定め、優先的に取り組むべきものを決めなければなりません。また、各目標の達成期限や達成できたことを測るための指標も考える必要があります。

　次に、UXライティングの視点でビジネス目標を構造化して整理し、短期、中期、長期などの達成期限で分類したものを上層部に示してフィードバックをもらいます。あわせて、プロダクトの全体的なロードマップに適合するかどうかも確認しましょう。これにより、貢献を最大化するための戦略的な方法とタイミングを計画することが可能になります。また、ビジネスステークホルダーの頭の中には、ビジネス目標を達成できたかどうかを測る指標があるはずで、マネージャークラスであればその指標について知っていることもあるはずです。それを聞き出しま

※1　Confluence（コンフルエンス）：オーストラリアのAtlassian（アトラシアン）社が提供する情報共有ツール。チームのナレッジやノウハウの一元管理に使われる

ビジネスパートナーを知ろう　　**043**

しょう。自分たちの成功をどのように証明し、誰に報告すべきかを明確にできれば、組織全体との連携が強まります。

最後に、学んだ教訓から洞察を得て将来に活かすために、うまくいったことはもちろん、失敗したことも含めて記録を残し、経緯を追跡できるようにしておかなければなりません。自分たちで容易に更新し、共有し続けられる「生きた」文書をつくるのが理想です。

■ ビジネス目標を策定する

目標が有意義な形で存在していない場合は、文書を作成して、目標の策定を後押しします。Google ドキュメント、Google スプレッドシート、Google スライドなど、更新や共同作業に適したシンプルなフォーマットを使いましょう。UX ライターが組織全体の目標を策定するのは非現実的に思えるかもしれませんが、挫けてはなりません！ ビジネス目標を明文化するのは、自分たちの仕事を成功につなげるための枠組みを持つためであり、それはビジネス全体にとっても有意義なはずです。すべてのビジネス目標が組織全体に適用されるべきとは言いません。重要なのは、ビジネスの利益を常に念頭に置いて UX ライティングを進めるための指針や道しるべとなる、目指す方向性を示す文書を作ることです。

学んだ知識にもとづく推測になっても大丈夫です。最初からビシッと正解を出せずとも、文字にすること自体に意味があるからです。他者からフィードバックをもらうことも重要です。たとえそれが、私たちの間違いを指摘するものであっても、議論の促進剤にはなります。要するに、私たちに必要なのは追いかけるべき「北極星」です。中にはこの北極星にあたるビジネス目標を明確に定義するのが得意な UX ライターもいますが、与えられた目標に従うだけという人もいるでしょう。いずれにしろ、UX ライターとして言葉を書き始めるためには欠かせない文書です。

目標には、それに対応する成功の定義が必要です。北極星は私たちが目指すべき方向を、そして成功の定義と指標は、成功までの距離を教えてくれます。くり返しますが、初日から北極星がきっちり確定していなくても問題ありません。どんな目標でも、目標として書き出せていれば、それに向かって作業を進められますし、進捗を追跡できれば、私たちの努力は無駄になりません。たとえ想定した目標がすべて間違えていて、修正を余儀なくされたとしても、次のような成果は得られます。

- それまで明確な定義を確立できていなかったビジネス目標を設定する上で、重要な役割を果たす**ステークホルダーの注意を引く**ことができました。
- UXライティングに**大きな変化を起こす力があることを示す**ことができました。（たとえ今回は間違った変化を起こしてしまったとしても）

ビジネス目標の承認を得る

　文書化されたビジネス目標が既存のものであれ、自分たちで作成したものであれ、または公式で網羅的なものであれ、単なるはじめの一歩としての最善の推測であれ、それらの妥当性を検証してから動き出すのが肝要です。設定した目標に向けてリソースが配分されること、また、成功を示すために用いる指標がUXライティングの貢献を示す信頼できる証拠として認められるかどうかも確認しなければなりません。

　目標の承認を得ることは、私たちの仕事が注目され、可視化されることを意味します。透明性が上がれば、予期せぬ事態を防げます。大規模なUXライティングのプロジェクトに莫大なリソースを投じた後で、ビジネスステークホルダーから「リソースの無駄づかい」と指摘される状況には絶対に陥りたくありません。また、価値ある目標にリソースを投じたものの、誤った指標を測定してしまったために、その成果がビジネ

ビジネスパートナーを知ろう　　**045**

スにどれだけ貢献したかを判断できない状況も避けたいです。

ビジネスステークホルダーが私たちの計画を理解していれば、早い段階で全員が一致団結できますし、後になって合意を得られる可能性も高まります。結果が出た時には、私たちがどんな意図で何をやってきたのかを説明する時間やエネルギーを無駄にしなくて済みます。速やかに結果を評価して、チームとして、次のステップを決める段階へとすぐに進めるでしょう。

残念ながら、予期せぬ事態はUXライターとビジネスステークホルダーの関係を「私たち 対 彼ら」という構図にしてしまいがちで、共通の目標を持つ団結力のあるチームという関係性を破壊しかねません。私たちは、UXライターとして仕事をし、作り出したものをステークホルダーに提示します。彼らに対して意見を述べて、彼らからフィードバックを受け取ります。「彼ら」を驚かせることなく、透明性を保ち、理想的には最初から彼らを巻き込み、彼らの洞察に真剣に耳を傾けるようにすれば、関わる全員がプロジェクトを自分事として感じるようになります。そうなれば、プロジェクトに対して自然と良い感情を持ち、より深く関与したくなるはずです。初日から協力して取り組むことで、才能ある人々がより多くのものを持ち寄り、「成功」という共通の目標を目指すことができます。

■ 倫理観に照らして目標を設定する

これまで、ビジネス目標の価値を当然のものとして受け入れ、設定された目標の達成に努めることに躊躇はありませんでした。しかし実は、ステップをひとつ飛ばしています。ビジネスとユーザーの間の仲介者として、社内におけるユーザー支持者としての責任を負う立場から、私たちのビジネス目標が倫理的かどうかを批判的に見るというステップです。

まずは立ち止まり、書類を置いて、文字通り一歩、あるいは二歩下がってみましょう。そして、自分自身に問いかけてください。**これらの目標を追求すべきですか？** 倫理的に見て追求に値するものでしょうか？

　倫理の問題は単純ではありません。さまざまな面で、技術の進歩がそれをさらに複雑にしています。たとえば、ビジネス目標がセッション時間（サイトやアプリに訪問した際の滞在時間）を増やすことだとしましょう。この目標が達成された時、ユーザーが得るものは何でしょうか？　不健康な依存症からユーザーを救うことになるでしょうか？　そうだとしたら、これは倫理的で、整合性の取れたすばらしい目標と言えます。しかし、我が子ががんばっているサッカーの試合をしっかり観戦するのを邪魔する場合はどうでしょうか？　これについては、よく考える必要がありそうです。ユーザーがアプリ内に長く滞在すればするほど、ビジネスはより多くの収益を得ることになると考えられます。ショッピングの例で言えば、ユーザーがゆっくりショッピングを楽しむためにアプリを開いたのであれば、アプリ内で多くの時間を過ごすことをユーザーも望んでいます。しかし、果たしてこのケースでも、セッション時間は依然として倫理的にふさわしい指標と言えるでしょうか？　どんな調査をすれば、ユーザーと、その家族、またはコミュニティに対するセッション時間の影響を確認できるでしょう？

　人々の時間の使い方にとやかく言いたいわけでも、ユーザーの自由意志を制限する役割をテック企業が担うべきだと主張したいわけでもありません。ユーザーとのコミュニケーションでは倫理を重んじ、必要に応じて私たちが門番の役割を果たし、ユーザーに害をおよぼす可能性があるビジネス目標は取り下げるべきだというのがここでの主張です。アプリの基本的な倫理観を守ることは抽象的であいまいに思えるかもしれませんが、それは間違いなくビジネスとユーザーの双方にとって最も重要な関心事です。この主張が受け入れられないならば、転職を検討する時

ビジネスパートナーを知ろう　**047**

かもしれません。

もし自分が巨大な組織の中の小さな存在に過ぎないと感じているとしたら、このセクションは自分に関係ないと思ったかもしれません。どうしてあなたが倫理の門番である必要があるのでしょうか？ はっきりと言います。倫理的な責任は私たち全員が負うべきものです。もっと声をあげなければならないかもしれません。声をあげることは、あなたにとって危険を伴う、できればやりたくないことかもしれませんが、ライターである前に一人の人間として、より倫理的な社会を実現すべく行動を起こす責任を私たち一人ひとりが負っています。たとえば「ブラックリスト」と書く代わりに「ブロックリスト」や単に「リスト」と書くことを選ぶような小さな変更を私たち全員が行うようにならなければなりません。そうすれば、黒が悪で白が善という固定観念を払拭し、より平等な世界の実現に少し近づきます。これはすべての人、ユーザー、プロダクト、そしてビジネスにとって建設的な一歩となるでしょう。

これでビジネス目標が定まりました。いよいよ変革を起こす時です。どのように取り組むべきかを見ていきましょう。

KAPOW（カポウ）

ビジネス目標の全体像を十分に理解したら、UXライティングの視点に切り替えます。どの目標に焦点を当てるかを決め、複数の解決策を検討してから、可能性を感じる解決策の中でどれを最初に試すか、優先順位を付けなければなりません。

ここで、ROIを最大化するための**UXライティングフレームワーク**が役立ちます。UXライティングの影響を最大化するために取るべき次の

5つのステップの頭文字を並べて「KAPOW（カポウ）」と覚えましょう（図2.1）。

- 自分たちの目標を知る（**K**now your goals）
- 解決策を明確にする（**A**rticulate solutions）
- 解決策に優先順位を付ける（**P**rioritize solutions）
- 自分たちの指標を持つ（**O**wn your metrics）
- 書く！（**W**rite）

2章の残りを使って、実例を交えながら各ステップを説明していきます。

基本的には著者の実務経験にもとづいていますが、ポイントを明確にするために、単純化、誇張、あるいは変更している部分があります。特定の企業の意見や目標を反映しているわけではありません。

図2.1：KAPOWとは、UXライティングのROIを最大化するためのフレームワークです。

■ 自分たちの目標を知る（**K**now your goals）

ビジネス目標のリストからUXライティングが目立った影響を与えられそうにないものを除外し、UXライティングが有意義な結果をもたらしそうなものに絞ります。

著者が関わっている、中小企業にクレジット（信用貸付）を提供するプロダクトを例に考えてみましょう。ユーザーが順調にフローを進んだ

場合は次のようになります。

- クレジットを申請する。
- クレジットが承認される。
- クレジットライン[2]から資金を引き出す時に使うダッシュボードを見られるようになる。
- 借りた資金の返済を行い、再び資金の借り入れを行う。

目標のひとつは、申請段階での離脱を減らすこと。つまり、申請を完了するユーザー数を増やすことです。

もうひとつの目標は、ユーザーが最適な借り入れを行えるようにすることです。最適かどうかは、たとえば次のような方法で測定されます。

- 承認を受けてから最初の引き出しを行うまでの時間
- 引き出しの頻度
- 借り入れ限度額に対する実際の引き出し額

「離脱を減らす」という目標に対しては、UXライティングを使ってユーザーを動機付けたり、アプリケーションの利用中にユーザーが感じる技術的な障壁を取り除いたりすることができます。UXライティングが大きな影響を与える余地がありますので、このビジネス目標はリストに残すべきです。

しかし、ユーザーが承認を得られるかどうかは私たちの手の内にありません。それはUXライティングの影響をほとんど受けず、むしろユーザーの信用力、マーケティングが申し込みに誘導したユーザーかどうか、

※2　クレジットライン：「信用枠」や「与信枠」とも呼ばれるもので、銀行や金融機関が企業や個人に対して設定する融資の限度額のことを指す

アンダーライティングモデル[※3]など、他の要因が大きく関与します。よって、このビジネス目標はリストに残すべきではありません。

　目標をリストに残すかどうか迷うこともあります。引き続き、資金の借り入れに関わる目標を考えてみましょう。UXライティングの力を使って機能の使い方を明確にし、ユーザーが最適な金額を引き出すように動機付け、技術的な障壁を取り除きます。しかし、もしそれが参入の障壁でない場合はどうでしょうか？ もし、ユーザーがすでにしっかりとした動機を持ち、使い方も完全に理解している一方で、手数料が高すぎると感じている場合はUXライティングではどうすることもできません。手数料がなぜその額に設定されているのかをより明確に説明したり、ユーザーのためらいに共感を示したりすることは可能ですが、UXライティングが実現できるROIは比較的低いものになるでしょう。それでも、リストに残すかどうかについて決断を下すには、少し調査が必要になるかもしれません。

　すべての目標に一度に取り組むことは不可能なので、次のステップとして、絞り込まれたリストにさらに優先順位を付けます。会社が持っているリソースには限度があります。そのリソースでさばき切れない大きな目標を持つのは悪いことではありませんが、だからといって、スタッフが睡眠を削ったり、リソースを限界まで使い果たして燃え尽きたりするのは本末転倒です。そんな事態に陥らないようにするための優先順位付けです。プロダクトマネージメントでよく使われる「RICE（ライス）」というフレームワークを参考にしましょう。

※3　アンダーライティングモデル：金融機関がローンや保険の申請者の信用リスクを評価するために用いるシステムや基準のこと。これにより、顧客の返済能力や保険のリスクが判断され、その結果にもとづいてサービスの提供条件が決定される

RICE は、**Reach**（リーチ）、**Impact**（インパクト）、**Confidence**（信頼度）、**Effort**（労力）の頭文字から来ています。

リーチ（Reach）

まずは「リーチ」、つまり私たちが作成したコピーを目にするユーザー数から考えます。例として、クレジットラインからの引き出しを増やす目標と、早期返済を減らす目標のリーチを比較してみましょう。資金の引き出しは、私たちのサービスが提供する主たる機能で、資金を必要としてこのサービスを利用するユーザーが定期的に利用するものです。また、借り入れた資金は予定通りに返済するのが一般的で、早期に返済するユーザーは多くありません。つまり、「資金引き出し」のフローでユーザーが目にするコピーは、「早期返済」フローのコピーよりもリーチが大きく、「資金引き出し」フローを「早期返済」フローよりも優先すべきだという結論になります。ただし、コピーを目にするユーザー数が多いからといって、そのインパクトが必ずしも大きくなるとは限りません。他の要因も考慮する必要があります。

インパクト（Impact）

リーチと同様に、コピーがユーザーに与える「インパクト」の大きさも評価する必要があります。先の例で、「資金引き出し」フローのコピーが高いリーチを持つことはわかりましたが、高いインパクトもあわせ持つかどうかは別問題です。私たちが作成するコピーが資金引き出しを顕著に増やす可能性はどのくらいあるでしょうか？ コピーがより多くの人の目に触れたとして、それは、コピーを見たユーザーに変化をもたらすでしょうか？ UX ライティングが、**高いリーチと高いインパクトの両方**を実現し得る目標に狙いを定めましょう。

ユーザーが資金の引き出し方を誤解していることがフリクションになっているのだとしたら、UX ライティングが大きなインパクトをもた

らす可能性もかなり大きいです。しかし、先にも書いたとおり手数料率がネックになっているのだとしたら話は違ってきます。手数料率の説明を通じてUXライティングが役立つ可能性はありますが、結局のところ、コピーが手数料率を下げることはありません。どんなにリーチが大きくても、全体的な目標に対するインパクトはそれほど大きくはならないでしょう。

次に、リーチが低い「早期返済」のフローにUXライティングがもたらし得るインパクトを考えてみます。一度借りた資金に関しては返済を急がずにお金を持っていてもらうよう説得するほうが、手数料を払って資金を借りることを促すよりも簡単です。達成しやすい目標ほど、インパクトは高くなります。つまり「早期返済」フローは、リーチは低くとも、高いインパクトを期待できる目標になります。それでは、どちらを優先すべきか、どこから始めるか、それぞれにどれだけ投資するかをどうやって決めれば良いでしょうか？

何一つとして明確でも、完全に客観的でもありません。RICEは、目標を入力すれば優先順位を返してくれるアルゴリズムではなく、考え方を示すフレームワークに過ぎません。リーチは計算できても、インパクトを数値化するのはむずかしく、自分たちの見立てに対する自信や信頼の度合いを考慮に入れると、ことはさらに複雑になります。

信頼度（Confidence）

目標の優先順位付けにおいては、リーチやインパクトの評価と同様に「信頼度」も重要になります。引き続き、「資金引き出し」と「早期返済」のフローを例に考えてみましょう。リーチに関しては、コピーを含む画面を目にするユーザー数という定量的なデータで確認できるため信頼度が高くなります。一方の潜在的なインパクトに関しては、具体的なデータにもとづく評価とは言えず信頼度が低くなる傾向があります。

KAPOW（カポウ）　**053**

インパクトに対する信頼度を上げるには、ユーザーと話すことです。たとえば「資金引き出し」フローの場合、高い手数料が参入障壁になっていると仮定したため、UXライティングが大きなインパクトをもたらす余地はあまり見込めないと考えました。しかしユーザーが、安全性や時間効率などの面から資金の移動を躊躇しているのだとしたら、UXライティングがその障壁を取り除けます。こうしたケースでは、ユーザーと話すことでインパクトの評価に自信を持ち、目標を正しく優先順位付けできるようになるでしょう。たくさんのリサーチをする必要はありません。**適度な量の「最善のリサーチ」こそが重要**です。Erika Hall（エリカ・ホール）の『Just Enough Research』（『最善のリサーチ』─マイナビ出版, 2024）をぜひ参考にしてください。

最善のリサーチを組み込むことで、求められる労力（RICEの最後の要素です）はすこし増えるかもしれませんが、これを飛ばして誤った解決策を選び、最終的にふりだしに戻ることになるよりは、はるかに多くの労力を節約できます。

労力（**Effort**）

最後に、各目標に取り組むのに必要な「労力」を考慮する必要があります。目標ごとに、UXライティングで打てる解決策の作成、実装、評価、そして成功（または失敗）の分析に、どれだけのライティング、デザイン、開発、プロダクト、法務その他のリソースが必要になるかを考えなければなりません。

可能な限り、相互の依存関係も考慮に入れましょう。たとえば、法務を外部委託している場合、そこからの返事を待たなければコピーまわりのタスクを完了できないかもしれません。あるいは、異なるタスクからの大量のメール送信が完了するまで品質管理を行えない場合もあります。コピーの最終判断を下す立場にいるステークホルダーの休暇を考慮して

おいたほうが良いという場合もあるかもしれません。依存関係は常に予測可能なわけではなく、予測できたとしてもその規模を正確に見積もるのはむずかしいです。つまり、労力という要素を正確に定義しようとするよりも、さまざまな依存関係が影響し得ることを認識するのが大切です。

RICEの評価が終われば、目標が整理されて、図2.2のようなファネル（漏斗）を描けているはずです。

図2.2：目標を絞り込むためにファネルを使います。目標となり得るものをすべて書き出してから、今すぐ取り掛かるべき目標へと絞り込んでいきます。

最初は幅広いビジネス目標のリストでした。それをUXライティングの視点で絞り込み、RICE（リーチ、インパクト、信頼度、労力）を使って優先順位を付けました。ここまでくれば、自分たちが目標とすべきことがわかっているはずですし、頭の中にはすでにいくつかの解決策が浮かんでいることでしょう。次のステップは、それらの解決策を具体化し、

磨きをかけて、チームと共有することです。

■ 解決策を明確にする（Articulate solutions）

どの解決策を最初に試すかを決めるには、リサーチの力を借ります。最もスマートに見えるものや、最も実装が簡単そうなものなど、自分たちの好みや都合で選んではなりません。そうした要素も最終的には考慮することになりますが、証拠となるデータにもとづいて進むべき道を選ぶのが最初の一歩です。

障壁を理解する

上記の例では、ビジネス目標の達成を阻む障壁としていくつかの仮説がありました。「資金引き出し」フローのフリクションとしては、手数料率や資金移動に対する躊躇、フローを完了するための方法に関する（技術的なレベルでの）理解などが考えられますし、まったく別の要因である可能性もありますよね？どんな課題を解決しようとしているのかをはっきりと見定めるまでは、解決策を具体化すべきではありません。

ライティングを始める前にユーザーリサーチを行い、次のようなことを確かめましょう。ユーザーはどのように、そしてなぜそのプロダクトを使うのか。プロダクトのどの部分が機能していて、どこが機能していないのか。ユーザーが理解していることと、助けを必要としていることは何か。どの言葉がユーザーの心に響き、どの言葉がユーザーを遠ざけるのか。いずれも、UX ライターの仕事に欠かせない基本的な情報であり、興味深いデータです。詩や本を書くのとは違い、デジタルプロダクトのライティングの成否は見る人の目にかかってきます。UI のライティングは、書き手である自分たちのためにあるものではなく、ユーザーの主観で評価されるものでもありません。UI のライティングが「良い」と評価されるのは、それが機能する時です。だからこそ、データから始

めなければなりません。FullStory[※4]やUserTesting[※5]といったツールのおかげでリサーチを実施しやすくなっていますが、簡単なインタビュー、サポートセンターや営業電話の録音からもデータは得られます。

　ユーザーリサーチは一度限りのことでもありません。ほぼすべてをテストする必要があります。他の形式のライティングと違ってUXライティングは、公開して終わりになりません。公開はまだ道半ばです。公開後には、コピーのパフォーマンスを追跡して次のイテレーションを計画しなければなりません。生きた人間が何かを成し遂げようとして、**私たちの紡いだ言葉と対峙し、証拠を提供してくれるところ**にこの仕事の醍醐味があります。しかし、常に好ましい結果が得られるわけではありません。

　たとえば、エンゲージメントを倍増させると期待していたボタンのコピーが実際にはまったく機能しなかったり、コンプライアンスのために書き直したメールの件名が予想に反して開封率を半減させる結果になったりするのは、正直なところまったくうれしくありません。しかし、そうした場合でも、必要なところに手を加え、ユーザーのために対応していると思えれば、たとえ少々の謙虚さを持って対応する必要があったとしても気分を害することはありません。

一番取り組みやすい課題を特定する

　たとえば、定性的なユーザーリサーチを十分に実施した結果、手数料ではなく、むしろ資金の引き出し方に対するユーザーの理解に課題があると判明したとします。既存の定量的な指標を分析することが、次の手順として合理的かもしれません。もし「資金引き出し」フローが3つの

※4　詳細は https://www.fullstory.com/ を参照
※5　詳細は https://www.usertesting.com/ を参照

KAPOW（カポウ）

ステップで成り立っているとしたら、その各ステップでどれだけのユーザーが離脱しているかを調べることが考えられます。各ステップを最適化するための解決策を明確にすることもできますが、まず最も利益が見込める解決策を優先するとしたら、最も離脱が多いステップに焦点を絞って、UXライティングのROIを最大化します。

マーケットリサーチでインスピレーションを得る

　もし行き詰まりを感じているなら、優先的に取り組むことにした課題に他社がどう対応してきたかを見るのが参考になるかもしれません。もちろん、他社が選んだ解決策のどの要素が自分たちのビジネスにも適用され、逆に関連性が低いのはどの部分かを推測する必要はあります。

　引き続き、「資金引き出し」のフローを例に考えましょう。ユーザーに引き出し方を理解してもらうところが主な障壁になっているという仮説を立てました。特にユーザーが金額を選択する最初のステップに問題があると考えられる場合には、競合他社のプロダクトで同じタッチポイントにあたる部分のコピーがどうなっているかを見てみましょう。

- 引き出し額を提案するために、そのタイミングでチャットボットを提供しているかもしれません。
- ユーザーの認知負荷をやわらげ、数字入力の手間を省くために、引き出し額の案を自動で提示しているかもしれません。
- ユーザーが自ら主導権を持って金額を決めたと感じさせつつ、数字を入力する手間も回避できるように、引き出し額の案を複数提示しているかもしれません。
- ユーザーの過去の引き出しにもとづく個別のアドバイスを提供するために、各ユーザーの状況に合わせて表示が切り替わるヘルパーテキストを使っているかもしれません。

これらのアイデアを参考にすれば、自分たちのプロダクトに適した解決策の検討が進むはずです。自分たちのユーザーを最もよく知るのは自分たちですし、他社のユーザーとは何らかの点で異なるはずですから、他社のアイデアをそっくり真似ることは推奨されません。それでも、どうすべきか迷った時には、インスピレーションの源泉として他社のやり方を参考にしましょう。

■ 解決策に優先順位を付ける（Prioritize solutions）

　次に、とりまとめてきた解決策に優先順位を付ける必要があります。おそらく、優れたアイデアが複数並んでいて、いっぺんにテストできる数を超えていることでしょう。

選りすぐりのリストを作成する

　解決策候補それぞれの長所と短所を書き出し、関わりのあるステークホルダーに提案します。複数の解決策を組み合わせて追求することになるのは珍しくありませんが、どれかひとつに肩入れする段階ではありません。数ある解決策も断捨離が進み、いずれはどれかに絞られる時が来ると考えてください。高品質な解決策に到達するための重要な第一歩は、まず解決策を数多く用意することです。この段階で**特定のアイデアにこだわりすぎない**ようにしましょう。

　解決策をステークホルダーに提案するのは、単に意見を集めるだけでなく、エンジニアリングのリソースといった制約条件を明らかにするためでもあります。後者は特に、RICEを使って見えてきた依存関係や労力の総量を再調整する上で重要です。提案された解決策を実装してテストするために必要な労力を理解した後、まったく異なる目標にピボットするという意思決定を行う可能性もあります。それでも問題ありません。低いROIに終わる可能性があるプロジェクトにさらに投資する前に気

KAPOW（カポウ）　**059**

づき、判断することのほうが重要ですし、サンクコスト（埋没費用）を受け入れ、損失を切り捨てることもこのプロセスの一部です。ユーザーリサーチでの検証が済み、マーケットリサーチからのインスピレーションを受けて、新しい情報が見つかるたびに改善を加えてきた解決策のセットができあがるまでリストを編集しましょう。そのセットをステークホルダーに提案し、彼らの助けを借りて最終候補一式に絞り込みます（図2.3）。

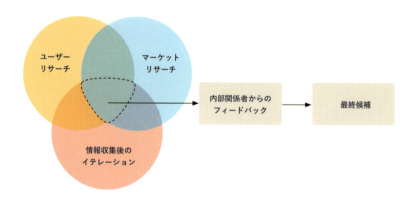

図2.3：目標と課題を定義したら、次は、多くの創造的な解決策を絞り込んで、最初にテストする価値のあるものを見つけます。

解決策#1を実装する

　大規模な組織でなければ、開発リソースやユーザー数などの面で採算が合わず、解決策の最終候補をすべて同時にテストするのはむずかしいかもしれません。そうだとしたら、最初に手始めとする解決策を選択する必要があります。早くに妥当な解決策を見つけられれば、すべての解決策を試す必要がなくなりますが、それについては後で考えることにして、とにかく解決策#1を実装してみましょう。

すべての目標を横断的に考える

ここまで、単一の目標に対する解決策について話してきましたが、複数の目標に対してまとめて解決策を模索する方がより現実的です。あなたが一匹狼であるか、大きなチームの一員であるかにはかかわらず、特にマネージャーという立場にある場合には、各目標に対する最良の進め方を選択しつつ、すべての目標を横断的に考える必要があります。

しかし、自分たちの目標に対して自分たちで取り得る解決策を優先するだけでは不十分です。最初にどの解決策をテストするかを選択しますが、テストの結果、最初に選んだ解決策がうまくいかなかった場合は、次の解決策のテストに進む必要があります。スプリントでは、他のエンジニアリングタスクも進行中のため、それらとテストを比較してどちらを優先すべきかを決める必要があります。プロダクトマネージャーと協力して進めますが、場合によっては、プロダクトマネージャーに他のタスクよりも自分たちが行おうとしているテストを優先すべき理由を説明して納得してもらう必要があるかもしれません。

機会費用が常に絡んでくることを忘れないようにしましょう。つまり、チームが何かに取り組むたびに、別の何かは手つかずのままになります。他のタスクを差し置いてUXライティングのタスクが優先される理由やビジネスにとっての価値を把握し、きちんと説明できるようになっておかなければなりません。

Joshua Arnold（ジョシュア・アーノルド）が提唱した「Cost of Delay（遅延コスト）」という概念[6]を知っておけば、プロダクトマネージャーとの対話がしやすくなるでしょう。現行のコピーをそのままにし

※6　https://costofdelay.com/cost-of-delay （2024年11月時点で閲覧不可）
アーカイブサイトにて同内容を確認可能 https://web.archive.org/web/20221004223304/
https://costofdelay.com/cost-of-delay/

た場合、改良版がすぐに実装された場合、そして時間を置いてから実装された場合、それぞれが生み出す価値を比較して話し合ってみてください。**UXライティングのタスクを後回しにした場合の機会費用**はどのくらいになるでしょうか？ UXライティングを優先すべきだと主張するのではなく、そうしなかった時にプロダクトマネージャーがどのくらい困った状態に陥り得るかという話をしたほうがずっと効果的です。

■ 自分たちの指標を持つ（Own your metrics）

指標がなければ、私たちが状況を改善したのか、悪化させたのか、それとも何の影響ももたらさなかったのかを知ることはほぼ不可能ですし、UXライティングのROIを理解するのもむずかしいでしょう。何が、なぜうまくいったのかを示す指標があれば、私たちが提示する解決策をより効果的なものにする方法が見えてきます。

成功を定義する

自分たちの解決策がうまくいったと言えるのはどうなった時かを最初のうちに見定めておく必要があります。成功を定義する時の秘訣をいくつか見てみましょう。

- **if-then文を使って成功を定義します。**統計には、科学だけでなく、芸術的な側面もあるとよく言われます。たとえば、ある仮説を証明しようとするテストの結果をステークホルダーに示したところ、そのデータが実は真逆の仮説を支持すると言われたことがあります。同じデータ、同じ数字、同じ「証拠」から対立する結論が導かれることがあるという実体験です。このような状況を避けるためにif-then文を使います。「資金引き出し」のフローを例にすると、「(if) もし承認後の初週にテスト参加者の5％以上が資金を引き出した場合、(then) そのコピーは成功とみなす」のようなif-then文が考えられま

す。このようにあらかじめ定義を決めておけば、得られたデータの解釈や成否の判断でもめる心配がなくなります。

- **書いたif-then文を共有しましょう。**最終的な報告先が誰であれ、成功の定義に賛同してもらう必要があります。テストの結果を何通りか想像し、それぞれの結果がどんな意味を持つかをあらかじめ議論し、合意しておくべきです。

  たとえば、前述のif-then文を使おうとしていたとします。かなり明確な定義を書けたつもりでいましたが、ステークホルダーには「うん、初週により多くのユーザーが引き出してくれるようになるのは良いけれど、引き出しの総額が小さくなってしまったらどうだろう？」と言われたかもしれません。とすれば、その場で一緒に書き直しです。たとえば、「(if) もし承認後の初週にテスト参加者の5％以上が資金を引き出し、かつ承認後の初月の利用率が50％以上であれば、（then)そのコピーは成功とみなす」といった感じに修正できるでしょうか。もし最初のif-then文を誰とも共有せずに進めていたら、利用率の測定をし損ねて、テスト結果は使い物にならなかったかもしれません。ところで、if-then文は、必ず書き出しましょう。せっかく最初に合意しても、最後に選択的記憶[7]が猛威を振るってしまっては台無しになりますから。

- **テストの終わりを定義しましょう。**テストを始める前に、どの時点で終了とするかを決めてください。テストは一定期間行うか、またはテストグループとコントロールグループ[8]それぞれに一定数のユーザーが参加するまで続けるかのどちらかです。終了時点を事前に合意しておけば、データを提出した時に「これではデータが不十分だから結論は出せないよ……」と言われる事態を避けられます。

※7 　選択的記憶（selective memory）：自分に都合の良い出来事や情報だけを記憶し、不都合なものは忘れがちになる認知バイアス
※8 　テストグループとコントロールグループ：テストや実験を行う際に用いるグループ分けの手法。テストグループには新しい要素や変更を適用し、コントロールグループには変更を加えないことで、変更の効果を比較し、評価する

KAPOW（カポウ）

- **指標を重ねて評価します。**人間の行動はそう単純ではありません。コピーがユーザーの行動にどのような影響をおよぼすかを理解するには、複数の指標を組み合わせる必要があります。これについては第4章でさらに詳しく取り上げます。

- **テストのコストも考慮に入れましょう。**テストにはエンジニアリング、分析、参加者のリクルーティングといったコストがかかります。ROIを算出する時には、テストにかかる諸経費も支出の一部と考えましょう。

　第4章で詳しく説明しますが、KAPOWフレームワークでは、UXライティングの指標にまつわる部分をUXライターの領分としてとらえることが重要です。UXライターがチームの中で最も優れたUXリサーチャーやアナリストである必要はありませんが、コピーのテストを始める前に「成功」の意味を定義し、ステークホルダーとの合意を図るのはUXライターの責任の範疇です。適切なパートナーを巻き込んでif-then文を書き、終わりを決めて、複数の指標を組み合わせ、テストのコストも考慮しておくこと、これらはすべて、より堅牢な結果を得るために欠かせないUXライターの仕事です。

リサイクル、リユース

　成功を定義したら、次はそれを測る方法を考えます。新たな可能性を探る前に、現在使われている指標を棚卸ししましょう。「そんな技術的なことまで知らなければならないの？」と思うかもしれませんが、まずは調べてみることです。すでに計測されているものには何があって、その中に私たちのテストに使えるものはあるでしょうか？ Googleアナリティクスなどのプラットフォームで収集されているデータには何がありますか？ 使えるものは積極的に利用しましょう。手軽に手に入るものが好まれるのは自然なことです。

既成の指標に限定する必要はありません。既存のものが私たちのテストにまったく使えないとなれば、指標をカスタマイズする必要が出てきます。それでまったく問題ありませんが、先へ進む前に同意を得ることを忘れてはなりません。定量的な指標と定性的な指標の組み合わせが結果を正しく判断するために必要な場合もあります。

　ニールセン・ノーマン・グループ（NN/g / Nielsen Norman Group）でディレクターを務めるKate Moran（ケイト・モラン）がNN/g UXポッドキャストのエピソード[9]で指摘していますが、数学とは距離を置いてきたという傾向の強いUXライターにとって、ROIは最初、荷が重いかもしれません。しかし、NN/gのWebサイトにある彼女の記事[10]にもあるように、UXの価値を伝えようとする時に具体的な数字が常に必要となるわけではありません。役立つ視点を手に入れるための思考練習と考えれば、ライターやデザイナーはビジネス指向で自分たちの仕事を考えられるようになり、ビジネスステークホルダーはUXライティングを「あれば助かる」程度のものではなくビジネスにとっての必需品として捉えられるようになるでしょう。具体的な数字を添えて「このコピーの変更が収益に寄与します」と言えれば、ビジネスを向いている部署とユーザーを向いている部署との協働を実現するための地ならしとなるはずです。

　時には、間違えることも悪くありません。間違える時があるからこそ、正しい判断をした時に本当に正しいと自信を持つことができます。データの整合性を守るために役立つテクニックを2つ紹介しましょう。

※9　詳細は https://anchor.fm/nngroup/episodes/5--ROI-The-Business-Value-of-UX-feat--Kate-Moran--Sr--UX-Specialist-at-NNg-en5ff7 を参照
※10　詳細は https://www.nngroup.com/articles/three-myths-roi-ux を参照

KAPOW（カポウ）　　**065**

- **慎重にリクルートする**：ユーザーと対面する前の段階、つまりリクルーティングのうちにバイアスの影響を受けがちなことをまず認識しましょう。候補者を選ぶ際に、自分たちの仮説を支持してくれそうな人ばかりを選ばないよう注意してください。ある漫画によると、アンケート調査に参加してくれた人は全員もれなくアンケートに答えるのが好きなのだそうです。なかなか考えさせられる漫画ですね。
- **アウトソースする**：中立的な立場の人に、検証しようとしている仮説を伝えずデータを集め、評価してもらってはどうでしょうか。調査者としてユーザーと対面する際には、特定の回答を求めているわけではないという前提で、ユーザーとの対話から得た印象を報告してもらいましょう。

　完全にバイアスを排除することは不可能ですが、できるだけ減らすための対策は取れます。常にバイアスを意識し、複数の方法を組み合わせて検証し、中立的なパートナーと協働すること、そして十分なデータを集めて本物のトレンドと誤ったトレンドを区別することが重要です。

　「KAPOW」には、指標（Metrics）の「M」が含まれていません。代わりにオーナーシップ（Own）を意味する「O」が含まれています。なぜなら、指標は「数字の専門家」の仕事であり、「言葉の専門家」であるUXライターの仕事ではないと考えがちだからです。しかし、UXライティングのROIを測定する指標に関しては、UXライターが責任を持つべきです。もちろん、Tableau[※11]などのデータ分析ツールで表を作ることが求められているわけではありません。しかし、UXライターにはプロセス全体を管理する責任があります。たとえば、関係者と連携し、指標に関する重要な質問をデータアナリストやプロダクトマネージャーに問いかける役割です。また、解決策を正しく評価するために、

※11　Tableau（タブロー）：データ分析や可視化のためのソフトウェア。簡単にわかりやすいダッシュボードやグラフを作成でき、ビジネス分析のツールとして広く利用されている

データにもとづく信頼できる結果を求めるエンジニアやデータアナリストのようなチームメンバーをサポートすることも求められています。つまりUXライターには、指標を含むプロセス全体のオーナーシップを持つことが期待されているのです。

■ 書く！（Write）

まさか、実際に書き始める前にこれほど多くの準備が必要になるとは、誰が想像したでしょうか？ しかし、この段階に到達するまでにすでに書き始めているというのが実態です。

- 目標をリストアップし、そのサブリストや、サブリストのサブリストも作成しました。
- 解決策の案を書きました。
- 各所のステークホルダーにテスト結果を伝えるスライドも作りました。

いよいよ、プロダクトに使う文言を最終決定する時です。ベースとなる解決策の草案に磨きをかけていく作業です。これまでうまくいっていた部分は生かしながら、プロダクトのボイス＆トーンやスタイルに加え、プロダクトが提供する既存の体験からかけ離れていないかどうかを再確認しましょう。さらに、最終的なコピーについてはコンプライアンス部門や法務部門をはじめ、プロセスに関わる全員の承認を得る必要があります。細部にまで注意を払い、丁寧に仕上げてから公開に踏み切りましょう。

マイクロコピーは氷山の一角に過ぎません。目標を知り（**K**now your goals）、考えられる解決策を書き出して（**A**rticulate solutions）、優先順位を付け（**P**rioritize solutions）、成否を測るための指標を整理する（**O**wn your metrics）ところまでは水中に隠れています。水面に

KAPOW（カポウ） **067**

現れるのは書いた（**W**rite）マイクロコピーだけ。実際に書く作業に関する細かな指摘は他の書籍に譲りますが、UXライティングのROIを考える時に重要なのは、執筆に至るまでの多くの重要なステップをUXライターの仕事として認識することです。そして、UXライターが書くのはプロダクトコピーだけでもありません。

　コピーが公開されてテスト結果が出たら、UXライターは最後のドキュメントに取り掛かります。プロジェクトの概要と成果、そして、そこに至るまでの作業記録を綿密にまとめましょう。このドキュメントは、UXライター自身、UXライティングという分野、ビジネスの長期的な成功、そして何よりもユーザーにとってとても重要なものになります。

本質を解明するステップへ

　ビジネスとUXライティングが交わる場所は、双方の類似点を探ればおのずと見えてきます。それぞれが何に貢献できるのかを掘り下げ、互いの目標が重なり合っていることに気づけば、手を取り合うのが自然な流れです。これは、私たちがプロセスとフレームワークを必要としなくなることを意味するわけではありません。KAPOWはビジネスの視点にもとづいたフレームワークであり、ビジネスステークホルダーが考慮する事と私たちUXライターが考慮する事が一致することをはっきりと示してくれます。プロセスをただ分解するだけでなく、その機能の根底にある理由を深く理解することで、さらに核心へ迫りましょう。

Chapter

3

UXライティングで
ROIを向上させる方法

How UX Writing Increases ROI

投資収益率（ROI / Return on Investment）とは、組織が稼いだ金額と、そのために費やした金額の比です。たとえば、あるビジネスが100万ドルを稼ぐのに100万ドルを費やした場合、ROIは良くありません。稼いだ金額を全部使ってしまっています！ 100万ドルを稼いでも利益が残らないので、そのビジネスに収益性はありません。当然、ROIは高ければ高いほど好ましいです。Kate Moran（ケイト・モラン）によるとROIは、組織がビジネス目標を数値的に達成しているかどうかを示すデータと主要業績評価指標（KPI / Key Performance Indicator）の間をつなぐ、重要な架け橋です[※1]。

ROIを向上させるには、収益を増やす方法と投資を減らす方法の2つがあります。つまり、利益を増やすにはさらに稼ぐかコストを減らさなくてはなりません。なんとUXライティングなら、少しの投資で大きな収益が得られるうえに、コストも削減できます。少額の投資先としてUXライティングが最適な理由、さらにそれが大きく報われる理由はシンプルです。プロダクトのコピーを変更するのにかかるコストが安く済むからです。

私のお気に入りの例を紹介しましょう。Jared Spool（ジャレッド・スプール）がとある企業のECサイトに関わった時の話です。購入フローの途中でユーザーには必ず会員登録をしてもらうという決定が下されました。買い物の最中に登録フォームへの記入を強いるという要件を突きつけられたUX担当者は反発したに違いありません。しかし、決定が覆されることはなく、登録フォームの最後に現れるボタンのコピーは

※1　詳細は https://www.nngroup.com/articles/calculating-roi-design-projects/ を参照

「Register（登録する）」になりました。理屈は通っていますが、ユーザーは登録したがりませんでした。ユーザーが望んでいたのは、買い物を続けることだったからです。そこで、ボタンコピーを「Register（登録する）」から「Continue（続ける）」に変更したところ、購入フローを完了するユーザーが45％増加しました（図3.1）。これは、月間の売上にして1,500万ドル、年間にして3億ドルの増加に相当します[※2]。ボタンコピーの変更が大きな成功につながった事例です。

図3.1：「Register（登録する）」から「Continue（続ける）」へ、一単語のコピーを変えただけで、収益が3億ドルも増加した例。

※2　詳細は https://articles.uie.com/three_hund_million_button/ を参照

ボタンのコピーを変更することがROIを高める唯一の解決策ではな かったかもしれませんが、費用のかからない効果的な策だったことは間 違いありません。費用便益分析の結果を予測するのがそれほど容易では ない場合、UXライターは複数の解決策を提案することになります。コ ピーを変更する程度で済む費用のかからない案、デザインの微調整を伴 う分だけ少し費用がかさむ案、そしてバックエンドの作業にかなりの予 算が必要となる案などを織り交ぜることになるでしょう。健全な企業で あれば、UXライターがエンジニアに対して、解決策ごとの見積もりを 依頼するのはごく自然なことです。ユーザーの体験が、かけたコストに 応じてどう変わるかを比較して判断することは、デザイナーだけでなく UXライターの役割でもあります。リソースの節約を考え、必要な数字 や調査結果を集めるべくエンジニアに働きかけるUXライターの姿を見 てワクワクしないプロダクトマネージャーはいないはずです。

意思決定の場に参画する

　費用便益分析を行うには、エンジニアだけでなくビジネスステークホ ルダーとも話をしなければなりません。ROIについて話す際には常にビ ジネスステークホルダーが関わってきますから、まず私たちは、彼らと 対等に意見を交わせる立場になることが重要です。

　UXライターのプロジェクトへの関わり方は、組織や個人によって異 なります。プロダクトの戦略を決めるビジネスステークホルダーと会議 室のテーブルを囲んで議論したいと考える人もいれば、身近なプロダク トマネージャーやデザイナーとの気軽な対話を重視したい人もいます。 いずれにせよ重要なのは、プロジェクトの早い段階から関与し、プロダ クトに対して大きな影響を与えられる立場に立つことです。UXライ ターは、プロジェクトの最終局面になってから巻き込まれることがよく

あります。その時点では、プロダクトにどんな機能を持たせてビジネス目標を達成するかが固まっていて、機能性は細かく定義されており、成功を測る指標も確定しています。そして、ピクセル単位までこだわったデザインが完了していて、UXライターが空欄にテキストを入れるのを待つばかりという状態になっています。そんな状況では私たちの力を十分に発揮することはできません。もっと早い段階、つまり議論が終わり作業に取り掛かる以前から関わり始めることが重要です。

　長い間、UXライティングのコミュニティは防戦一方でした。自分たちがやろうとしていることを正当化し、UXライティングへの投資は単なるコストではなく、ビジネス価値を高めるために必要だと説明してきました。「攻撃に勝る防御なし」という信念から、私たちは積極的に声を上げ、懇願するようなこともありました。プロジェクトの早い段階から頻繁に議論に参加し、意思決定に関与し、より多くのリソースを確保するためです。気が付くと「私たち 対 彼ら」という対立構造になっていて、「彼ら」が築いた壁を「私たち」は突破しようと必死になっていました。しかし、私たちが無理やり入り込むのではなく招かれて関わるのであれば、もっと良い結果になるのではないでしょうか。その方がずっと円滑に進みますし、実際に発言権を得られる可能性も高まります。単に部屋へ代表者を呼び入れることを「インクルージョン」とは言いません。中に入り、発言し、その意見が反映されることが「インクルージョン」です。

　UXライターとして、私たちはオーディエンス[※3]を理解し、彼らの言葉で話すことの重要性を認識しています。ビジネスステークホルダーをオーディエンスと捉えてみてください。私たちからのメッセージを効果

※3　オーディエンス：製品やサービスに関心を持つ可能性のあるすべての人々を指す。これには、実際に利用しているユーザーやターゲットユーザーだけでなく、将来的に利用する可能性のある潜在顧客も含まれる

的に伝えるには、彼らの耳に届く言葉を使うのが一番です。ステークホルダーに私たちのすべての業務を理解してもらう必要はなく、逆に私たちも彼らのすべての業務を理解することはありません。重要なのは、お互いの業務が重なる部分に焦点をあて、両者の強みを生かして、ユーザーとビジネスの双方に最大の利益をもたらすことです。

■ 歩み寄りましょう！

Greta van der Merwe（グレタ・ファン＝デル＝メルウェ）が2021年のConfab（コンファブ）で提案したアプローチ[4]に注目しましょう。彼女は、UXライターがいつプロジェクトに参加するかではなく、**参加するタイミングに応じて何ができるか**に焦点を移すことを提案しました。つまり「早めに参加させてくれればAができる」と言うのではなく、「早めに参加すればAができるし、遅れて参加した場合はBができる。AとBのどちらが必要ですか？」と言い換えるのです。そうすることで、私たちが早い段階から参加を希望する理由の見え方が変わります。単にUXライターが望むからではなく、ビジネスがより多くの利益を得るために早い段階からUXライターを巻き込むことが重要だと考えられるようになるでしょう。

ファン＝デル＝メルウェが言っていることを、私がかつて取り組んだある金融商品のプロジェクトを例に説明します。まだラフなワイヤーフレームも作成されていない段階で、私はUXライターとしてチームに加わりました。ユーザーの読解パターンに関する専門知識を活かして、コンテンツの階層構造を設計し、さまざまなコンテンツの配置や配置方法の決定に一役買いました。もしもっと後になってからプロジェクトに参加していたら、明確で簡潔かつ有用な言葉を書くことはできたかもしれ

---

[4] 詳細は https://www.confabevents.com/2021-segments/stop-worrying-aboutwhen-youre-included-and-start-doing-the-work を参照

ませんが、それはユーザーを最大限に満足させ、ビジネスが望む行動（ユーザーがそのプロダクトを利用して目的を達成すること）を促す最適な構造にはなっていなかったでしょう。

コンテンツに優先順位を付ける際には、ユーザーの視点を取り入れることができました。早い段階から関わっていたおかげで、提供することが決まった2つの返済プランのそれぞれに対し、具体的な返済の期日と金額を提示すべきかどうか、どこにどのように記載すべきかを提案できました。持っていた情報は他のステークホルダーと同じでしたが、私にはさらに最適なコピーを推奨するスキルと専門知識があったのです。ビジネスがこれを理解すれば、UXライターを早い段階から議論に参加させたいと考えるようになります。実際、まだ貢献する方法がないほど早く招かれたこともありました。しかし、もし私に決定権があるなら、むしろその方向に行き過ぎる方が良いと考えます。

プロダクトマネージャーやデザイナー、ビジネスステークホルダーらと長く一緒に仕事をしてきたおかげで、こちらから何も言わなくても早い段階でプロジェクトに招かれるようになりました。彼らは、早くにUXライターを巻き込めばAが得られ、遅ればBしか得られないことを理解していて、強くAを望んでいます。一朝一夕にできる関係性ではありませんが、冷静さを保ち、ユーザーとビジネスの双方に利益をもたらすという同じ目標を共有していることを認識することが重要です。もしお呼びがかかるのが遅れたとしても、それは悪意があるとか、UXライターを軽んじているわけではなく、単に理解が足りないだけだと解釈しましょう。

このアプローチは、双方のフラストレーションや誤解を最小限に抑えるのにとても効果的です。UXライターは「早く呼んでくれればもっと良い仕事ができたのに……」と悔やむことがなくなり、ビジネスはUX

意思決定の場に参画する　**075**

ライターから最大限の価値を引き出すことができるようになります。
UXライティングの潜在的な価値を引き出すためには、UXライターが
最大限に力を発揮できるように、ビジネス側からの支援も必要です。互
いに深く協力し合う関係として捉え直すことができれば、UXライター
が一方的に主張を押し通そうとするよりも、ずっと生産的な結果を得ら
れるでしょう。

■ ギャップを埋めよう！

　明確にしておきたいのは、UXライターが早い段階から頻繁に議論に
参加したいと望むのは、自己中心的な考えや自分が正しいという思い込
みから来ているわけでは決してないということです。私たちがより大き
な役割を求めるのは、その役割が大きければ大きいほど、私たちの影響
力も大きくなることを知っているからです。リソースと自律性を与えら
れ、役割と責任が広く深く確立されれば、結果としてビジネスとユー
ザーの双方に大きな利益をもたらすでしょう。

　ビジネスの成功に貢献したいという思いは他の関係者と同じですが、
UXライターの前には独特の障壁が立ちはだかることが多いように感じ
ます。それは、UXライターが知っていることと、意思決定権を持つビ
ジネスステークホルダーが知っていることの間にあるギャップから生じ
ます。このギャップを埋めるためには、彼らの言葉、つまり数字や金額
といったビジネスに直結する言葉でコミュニケーションを取ることが重
要です。

　UXライティングの技術を使って、ひとつの機能を市場に投入し、価
値を引き出すためのコストを削減できれば、その節約したコストを別の
機能の提供に向けて再配分することができます。また、カスタマーサ
ポートにかかるコストを削減できれば、より洗練されたユーザーサポー

トツールに投資して、サポートに関連するUXを総合的に向上させられます。ビジネスがUXライティングに投資すれば、UXライティングも企業に投資することになります。このポジティブなフィードバックサイクル（図3.2）は、ユーザーだけでなく、結果としてすべての人に利益をもたらすでしょう。

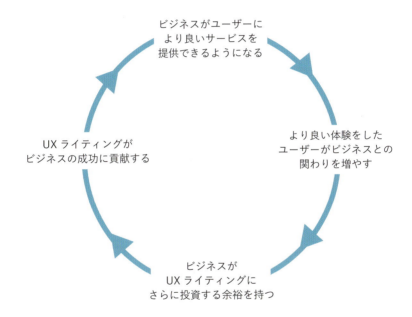

図3.2：協力のサイクルは、あらゆる面で有益です。

かつて私が勤めていた会社では、トランザクションメールがめちゃくちゃな状態でした。各メールが個別にデザインされ、開発されていたため、見た目も使い勝手も一貫しておらず、多くのリソースが低品質なUXの制作と維持に消費されていました。メールの設計を整備すれば、デザインと開発にかかる時間を削減できます。追加の投資をしなくても新たなデザインや開発にリソースを回せるのですから、ビジネスとしては申し分ありません。そして同時にユーザーにも、より良い体験が届けられます。

　メールのデザインシステムを刷新する必要があったのですが、それは単に視覚的な面だけではありませんでした。もちろん、それも再構築の重要な一部ではありましたが、UXライターがこのプロジェクトを主導した主な理由は、メールが「コンテンツファースト」のアプローチに相応しいと信じていたからです。まずは、焦点を情報アーキテクチャへと移し、どんな種類のコンテンツブロックが必要になるかの検討を始めました。

　まずエンジニアリングチームに相談して、メール専用のコンテンツデザインシステムを作るための技術的な制約を理解しました。私の当初の希望は、各メールに自由に配置できるコンテンツブロックのライブラリを豊富に備えた、完全にモジュール化されたシステムでした。一方のエンジニアリングチームは、限られた数の静的なテンプレートからひとつを選び、その中に毎回コンテンツを詰め込むという方法を好んでいました。そして、どちらの方法も現実的ではありませんでした。

　最終的に私たちが採用したのは、有限のコンテンツブロックから成るテンプレートの集合体でした。各コンテンツブロックは、ライターが毎回書き込んだり、無効化したりできますが、ブロックの追加や順序の変更はできませんでした。これは「完全にモジュール化されたシステムを

避ける」というエンジニアリングの制約と、「多種多様なメールの構成に対して、できるだけ少ない手間で臨機応変に対応したい」というコンテンツ制作側の要求を両立させた完璧な折衷案でした（図3.3）。

　同じベーステンプレートからさまざまな要素を組み合わせることで、さまざまなタイプのコンテンツに適したまったく異なる内容のメールを作成することができるようになりました。同じベーステンプレートのコードを再利用する仕組みになっているため、追加のエンジニアリングコストは一切かかりません（図3.4）。

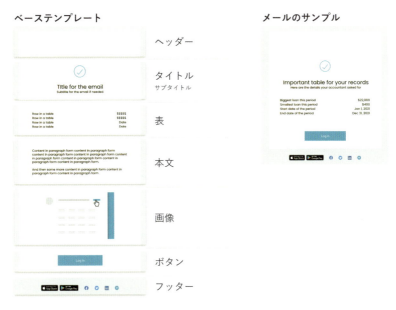

図3.3：各テンプレートは有限のコンテンツブロックから構成されています。新しいメールを作成するたびにテキストを書き込んだり、ブロックを無効化したりできるようになっています。

図3.4：わずかなテンプレートで多様なメールコンテンツの構造を作成できます。エンジニアリングやデザインへの投資はもちろん、UXの最適化も実現されました。

　ご覧のとおり、このプロセスはエンジニアリングコストを削減し、デザインの必要性をゼロにしたにもかかわらず、かなりの柔軟性を持っています。これで、トランザクションメールのデザインは完全に不要となりました。メールを作成する時は、使用するテンプレートと無効化するブロックをエンジニアに伝えるだけです。モックアップはもう必要ありません。

　デザイナーを巻き込むのは、新しいアイコンやそれまで使ったことのない画像のブロックが必要になった時だけです。デザイナーが新たに作成したアイコンや画像をライブラリ（図3.5）に追加すれば、エンジニアはいつでもそれを参照して利用できます。元のブロックに手を加える必要はありません。

　このシステムの立ち上げには初期投資が必要でしたが、長期的なリターンは明らかでビジネスの賛同を得るのは容易でした。しかし、合理化を目指した提案はどんな時でも積極的に受け入れられるべきです。

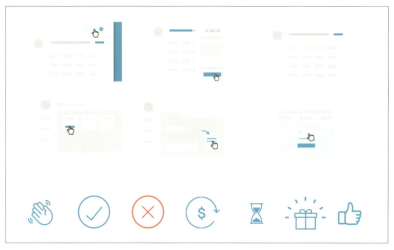

図3.5：容易にアクセスできるライブラリには、アイコンや画像、そしてそれらを含むコンテンツブロックが格納されていて、何度でも再利用できます。

　一方、既存のメールテンプレートの整備は少し大変でした。まずは送信頻度と影響力で優先順位を付けました。月に20通しか送られないメールよりも、月に２万通送られるメールの方が優先度は高いと判断しました。また、影響力の観点からは、わずか300人のユーザーにしか送られないメールでも、それが最適化されてビジネスに大きな収益をもたらす行動を促す可能性があるものは影響力が高いと判断しました。一方で、毎月1,000人のユーザーに送信されるメールでも、その目的が規制当局の要件を満たすためで収益に結びつかないものであれば、影響力は低いと判断しました。既存のメールテンプレートも大部分は新しいシステムに移行できましたが、すべてではありません。残りは徐々に更新を続け、時にはスプリントの中で作業を行い開発時間を節約したり、余った時間を使ったりしていました。

UXの専門家として、このメールテンプレートを刷新するプロジェクトを始めた当初の動機はUXの向上でしたが、エンジニアリングとデザインのリソース削減という利益をビジネスにもたらすことも明らかでした。おかげで、ビジネスステークホルダーとROIについて話しやすくなりました。共通の言語を見つけ、お互いの視点に共感することが、お互いの成功にとって重要だったのです。そして、それは今も変わりません。

　UXライティングが魔法のようにROIを改善するわけではありません。そこには明確な仕組みがあります。UXライティングを実際に活用する前に、ビジネスステークホルダーの賛同と支援を得なければなりません。この仕組みと手順を理解し、適切なタイミングで動き出すことができれば、ビジネスステークホルダーにUXライターの仕事を細かく理解してもらいやすくなります。彼らも、理解すればするほどUXライティングへの投資を評価し、支持しやすくなります。さらにはUXライターに有益なフィードバックもどんどん提供してくれるようになるでしょう。

フリクションを減らす

ユーザーの邪魔をしないようにするだけで良い時もあります。ユーザーを助けたり、背中を押したりするのではなく、ユーザーが自力で進めるように道を整えてあげるだけです。

ユーザーの歩みを遅らせるさまざまな障壁をフリクションと呼びます。フォーム入力時にユーザーが直面するフリクションは、システム側で事前に入力できるものを入力しておくことで軽減できます。ユーザーがサービスを利用するかどうか選択する際に出くわすフリクションは、チェックボックスにあらかじめチェックを付けておいてあげれば減らせます。フローの次のステップをわかりやすく説明してあげれば、ユーザーはフリクションを感じることなく先へ進めるようになります。障壁を取り除いたり、ハードルを下げたり、A地点からB地点への移動を容易にしたりするたびに、フリクションは減ります。UXライティングなら、少ない投資でフリクションを減らし、高い効果を実現できるのです。

■ ユーザーが自力で解決できるようにする

Citibankの Sarah Walsh（サラ・ウォルシュ）と彼女のチームがあるフォームを作り直した時には、既存のコピーをほぼ倍増させることになったそうです。一般的には簡潔さが好まれますが、ユーザーに必要な情報を提供できなければ意味がありません。改訂前のフォームには情報が足りず、ユーザーは先へ進めなくなっていました。

改訂前、ユーザーは**1つの入力欄に3〜4分**も費やすことがありました。かなりのフリクションがあったと考えられます。ウォルシュのチームがUXライティングを活用してフリクションを減らし、有用なマイク

ロコピーを追加すると、ユーザーは**1ページ全体への入力を3〜4分**で完了できるようになりました。改訂によって、フォームの入力を完了するユーザーは26％から92％にまで上昇しました。追加の営業電話や離脱したユーザーを呼び戻すためのメール配信、あるいはCitibankから他社へ乗り換えたユーザーを取り戻すためのキャンペーンなどを行わずに、コンバージョンを大幅に上げる結果となりました。フリクションを減らすことで、ユーザーはより早く目標に到達できるようになり、成功率も向上しました。

　これらすべてがビジネスにとって有益です。そして、この改訂が**ビジネスに利益をもたらすだけでなく、コストの削減にも貢献**したことに注目しましょう。UXライティングはリターンの増加だけでなく、コストの削減にもつながるのです。この事例では、サポートへの問い合わせ件数が大幅に減少しました（図3.6）。その結果、問い合わせ対応の人件費を他所へ再配分することができたそうです[※5]。

図3.6：CitibankのUXライターは、フロー内のコピーを倍増させることで、離脱率の改善とカスタマーサポートのコスト削減を実現しました。

※5　https://www.youtube.com/watch?v=FUXZZSa8Igk（2024年11月時点で閲覧不可）

■ 技術的な障壁によるわかりにくさを減らす

　フリクションを減らすことは、ユーザーが自信を持って迅速に目標を達成できるようにするための情報を提供するだけでなく、技術的な障壁によるわかりにくさを解決することでもあります。たとえば、ユーザーが振込先の金融機関コードを入力しなければならない時に、どこでコード番号を確認できるのかがわからないことがあります。その疑問に答えるマイクロコピーを先回りして用意してあげれば、技術的な障壁によるフリクションがなくなります。

　私自身、ユーザーが振込先の金融機関コードを入力しようとする時に、それをどこで確認できるかがわからないというよくある状況を改善するためのコピーを作成したことがあります。競合と比べて自社のプロダクトがどのように優れているのかを売り込む必要はまったくありませんでした。求められたのは、ユーザーとビジネスの両者が望む作業を完了する方法を理解しやすくすることだけです。この技術的な障壁をユーザーが乗り越えやすくするために、図3.7のツールチップを作成しました。

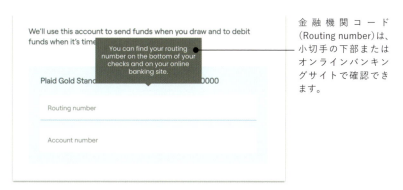

金融機関コード（Routing number）は、小切手の下部またはオンラインバンキングサイトで確認できます。

図3.7：ツールチップコピーで、ユーザーは技術的な障壁を克服しやすくなりました。

UXライティングのおかげで、この重要なステップで頻発していたユーザーエラーへの対応に割り当てられていたサポートとエンジニアリングのリソースが大幅に減少しました。このフリクションを取り除いたことで、フローの完了率も向上したと考えられます。UXライティングは、かかるコストを減らしつつリターンを増やすことでビジネスに貢献し、ユーザーが効率よく作業を完了できるようにするための円滑な操作を実現してユーザーにも貢献することができるのです。

　2009年に「マイクロコピー」という用語を生み出したJoshua Porter（ジョシュア・ポーター）は、同様の課題を抱えた決済フローの改善に取り組みました。請求先住所の入力に戸惑うユーザーが多いことに気づいたポーターは、入力欄のすぐ近くに「クレジットカードの登録住所を必ず入力してください」というヘルパーテキストを追加して、ユーザーとビジネスの双方が望む結果を実現しました（図3.8）[6]。

追加されたヘルパーテキスト
「クレジットカードの登録住所を
入力してください。」

BILLING ADDRESS

Be sure to enter the billing address associated with your credit card

Street address

City and state

ZIP code

図3.8：請求先住所の入力を求めるフォームの事例です。決済フローにありがちなフリクションを減らすための一文を追加したことで、多くのユーザーが迅速に決済を済ませられるようになりました。

※6　詳細は http://bokardo.com/archives/writing-microcopy を参照

図3.9：とあるECサイトの購入フローを改善した例です。ボタン上の単語をたったひとつ変更するという最小限の投資が大きな違いを生むことがわかります。

　ウィンタースポーツ用品を専門に扱うとあるECサイトでは、一般に「Shopping Cart（ショッピングカート）」と呼ばれるものを「Shopping Sled（ショッピングそり）」と呼んでいました（図3.9）。独自性を出し、ブランドを表現しようとしていましたが、目立つことよりも、既存の慣例に従うことが重要な場合があります。ユーザーは自分が買おうとしているものが「Sled（そり）」ではなく「Cart（カート）」に入っていることを期待していました。インタビューでは、ユーザーの50％がカートをまったく見つけられず、残りの50％はアイコンの位置や挙動など、他のUXの慣例を頼りにしてカートを見つけたと回答しました[※7]。ユーザーが買いたいものを見つけられるようにすることが、ビジネスの利益に直結するのは間違いありません。余計なことをして、技術的な障壁を新たに生み出さないよう注意しましょう！

　技術的な障壁を予測するには、リサーチと共感が必要です。ユーザーがどこでつまずいているかだけでなく、なぜつまずくのかを理解しなければなりません。UXライティングでフリクションを減らせるポイントを見つけたら、その絶好の機会を逃さず、ROIを向上させましょう。

※7　詳細は https://www.nngroup.com/articles/do-interface-standards-stifledesign-creativity/ を参照

ユーザーのモチベーションを高める

　ユーザーの前に立ちはだかる障壁を取り除いてフリクションを減らす時もありますが、ユーザーを励まして行動を促すことで解決を図る場合もあります。そのためにはまず、ユーザーのモチベーションを知らなければなりません。このフローを先に進むかどうかを判断する時、ユーザーは頭の中で何を考えているのでしょうか。そして、先に進む判断を下してもらうためにはどの情報を強調、あるいは削除すべきでしょうか。

■ ユーザーが自信を持って進めるようにする

　Googleのホテル検索ウィジェットの例で見たように（図1.2）、ユーザーに共感することがROIに大きな違いをもたらすことがあります。ユーザーの立場に立ち、何が彼らを足止めしているのかを理解し、どうすればユーザーが自信を持って先に進めるようになるのかを突き止めましょう。

　私が携わった融資フローを例に考えてみましょう。クレジット（信用貸付）を申請するユーザーは、「クレジットライン（信用枠）」と「期限付きローン」という2種類の融資タイプ[8]のどちらかを選ぶことができました。希望する融資タイプを選んだ後で、借入額や返済方法などの詳細を決める流れです。

※8　2種類の融資タイプ：「クレジットライン（信用枠）」を選んだ場合、ユーザーは設定された限度額まで必要に応じて自由に引き出しができる。借り入れた金額に対して利息がかかり、返済が進むと再度引き出しが可能になるもので、クレジットカードのキャッシングがこれに相当する。一方の「期限付きローン」は、一度に一定額を借り入れ、決められた期間内に返済していく形式で、住宅ローンや自動車ローンがこれに該当する

ところがユーザーは、クレジットの**承認を受けた後にフローから離脱**していることがわかりました。申請に必要な手続きをすべて終えたにもかかわらず、承認された融資を受け入れていなかったのです。なぜでしょうか? 多くのユーザーがためらったのは、融資の受け入れに同意した途端に限度額いっぱいのお金が口座に入金されると誤解したためでした。限度額いっぱいまで借りる必要がない場合も、金額や返済条件を確認したり選んだりすることができないと思い込んでいたのです。この問題を解決するために、「資金はまだ移動されません」というヘルパーテキストをCTAの下に置くことにしました (図3.10)。

クレジットラインを選択する	期限付きローンを選択する
資金はまだ移動されません	資金はまだ移動されません

図3.10：ユーザーの思考に配慮したヘルパーテキストがユーザーの戸惑いを払拭し、先へ進みやすくしました。

　CTAにヘルパーテキストを添えるという解決策のヒントになったのは、Amazonが同様の対処をしていたことでした (図3.11)。ユーザーが購入フローの最後に達したところで、支払い方法を更新したいと思った場合、ユーザーは支払方法を変更するための画面に移動した後、再度購入フローに戻ろうとします。そこで「Continue (続行)」をクリックすることになりますが、そこに添えられているヘルパーテキストが、これで購入が確定するわけではなく、元の画面に戻るだけだと教えてくれます。ユーザーは、注文の確認画面で支払い方法の更新が必要なことに気づいたという文脈を思い出してください。まだ配送方法やギフト包装について考えていることがあるかもしれません。「Continue (続行)」をクリックすると、その時点で購入が確定してしまうかもしれないと心配し、クリックをためらう可能性は十分にありました。

ユーザーのモチベーションを高める　089

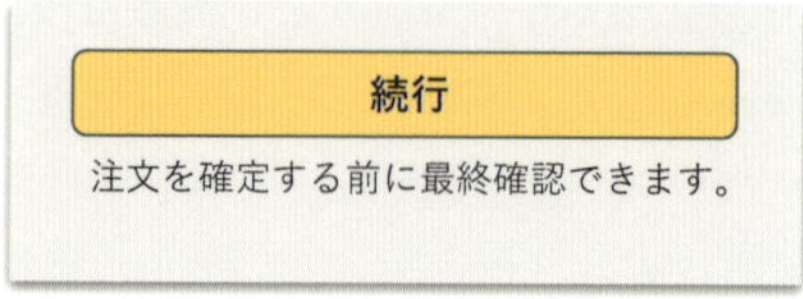

図3.11：ユーザーの思考に配慮したヘルパーテキストがユーザーの戸惑いを払拭し、先へ進みやすくしました。

　どちらの場合も、添えられたヘルパーテキストがCTAの邪魔をすることはなく、ユーザーがクリックするかどうかを決める瞬間に現れてユーザーの心に寄り添います。ユーザーは前に進みたいと思っていても、不安があって自信を持てないだけかもしれません。その不安を払拭するための一文というほんの少しの投資が、購入や融資の受け入れといったビジネスに利益をもたらす行動の後押しとなり得るのです。

■ ユーザーにインセンティブと機会を提供する

　ユーザーは何かを達成するためにプロダクトを利用します。フローの終わりに何が待っているかを思い出させるだけで、ユーザーのモチベーションを維持できる場合があります。行動を促すリマインダーと、その行動を実行する機会やその道筋を組み合わせて提示することは、低コストのコピーが大きなリターンを生むもうひとつの方法になり得ます。

　ユーザーが利用している会計ソフトからの情報にもとづいて価値を提供するプロダクトの例で考えてみましょう。会計ソフトとの連携がなければ表示できる情報がなく、空の状態になります（図3.12）。「会計ソフトが連携されていないため、表示する請求書がありません」と、状況をそのまま伝えることもできましたが、私たちはこれをユーザーに行動を促す機会と捉えました。ユーザーが次に何をすべきか、なぜそうすべきかを迷わず理解できるようにコピーを書き、CTAも配置してすぐに

090　Chapter 3　UXライティングでROIを向上させる方法　　How UX Writing Increases ROI

実行できるようにしました。このようにコピーを使って行動を促さなければ、ダッシュボードを更新して現金の前払いを受け取れる状態にするユーザーは存在しなかったかもしれません。それはユーザーにも、ビジネスにも好ましいことではありません。

図3.12：空の状態は、インセンティブと機会を提供して行動を促すための理想的な場所です。

アメリカ赤十字社は、寄付のフローの終盤にいるユーザーのモチベーションを維持するためにマイクロコピーを活用しています。多くの寄付者は寄付の使い道を選びたいと思っていますが、使い道を選ぶことには興味のない人もいます。しかし、使い道の選択に興味のない人も、自分の寄付が何か価値のあることに使われると確認したいとは考えています。そのような人たちは、寄付の使い道を決められない、または決めたくないために、ドロップダウンメニューが出てきて選択を求められると離脱してしまう可能性があります。

赤十字社は、ドロップダウンメニューのマイクロコピーを使って、離脱しそうな人たちを引き留めようとしています（図3.13）。特定の使い道を選ぶという認知的な負担を避けたいと考えるユーザーにも、自分の寄付が有意義に使われることを約束するマイクロコピーになっています。この事例では、プロダクトとユーザーの間に技術的な障壁やコミュニケーションの不足はありませんでしたが、下手をすれば寄付に対する関心を失わせてしまう懸念がありました。それをマイクロコピーが防いでいるのです。

図3.13：ドロップダウンメニューの項目にヘルパーテキストを添えることで、ユーザーに行動を促すことができます。

　マイクロコピーを使ってユーザーに自信を持たせたり、インセンティブや次のステップを明確にしたりすれば、ユーザーはフローを完遂できるようになり、ビジネスは低コストで高いリターンを得られるようにな

ります。時には私たちがフリクションを減らして障害を取り除く必要があ
りますが、ユーザーが集中力を欠いたり疲れたりしている場合は、障
壁のないところでも進行が滞る場合があります。そんな時には、ちょっ
とした後押しがユーザーを前進させる手助けになります。それを提供す
ることで、ユーザーの目標達成と組織のROI向上を同時に支援できるの
がUXライティングです。

評判を高める

　UXライティングを使ってプロダクトやブランドの評判を上げ、ROI
の向上につなげることもできます。ユーザーがプロダクトを使うフロー
の中でフリクションを減らしたり、モチベーションを高めたりすること
に比べると、評判の向上によるROIを測るのはむずかしいかもしれませ
んが、同じくらい重要です。評判を上げるには、倫理的で、アクセシブ
ルかつインクルーシブなコピーを書くことが大切です。また、ユーザー
に親しみを感じさせつつもプロフェッショナルなコピーを書くことで、
ブランドの信頼性と一貫性を高めることも目指しましょう。

　他のすべての条件が同じであれば、良い評判を持つ組織が得るリター
ンはより大きなものとなります。とは言え、ブランドへの信頼を数値化
するのは容易ではありませんし、プロダクトがいかに高性能であるかを
人々がどれだけ周囲に話してくれるかも正確には測れません。**ネットプ
ロモータースコア**[9]を使ったり、ソーシャルメディア上での発言を分析
して離脱ユーザーを調査したりするようなことはできますが、定量的な
指標を重視する限り、プロダクトの評判やブランドの認知がもたらす質

※9　ネットプロモータースコア（NPS / Net Promoter Scores）：企業やブランドの顧客ロイ
ヤルティを測定するための指標。顧客に「友人や同僚にこの商品やサービスを勧めますか？」と
いった質問をし、その回答にもとづいてプロモーター（推奨者）、パッシブ（中立者）、デトラクター
（批判者）に分け、得られたスコアで顧客満足度やブランド忠誠度を評価する

評判を高める　**093**

的な影響を完全に捉えることはできません。

■ ブランドの印象

スターバックスでは、「トールサイズのダブルスキニーラテ、エキストラホット！」と注文内容を読み上げる代わりに、お客様の名前を呼んでコーヒーの準備ができたことを知らせます。個人的なつながりを感じさせる素晴らしいUXがデザインされています。こうしたパーソナライゼーションは、メールの開封率やコンバージョンといった定量的な指標を改善することが知られていますが、問題を引き起こす場合もあります。たとえばバリスタが、お客様の名前を知らない場合です。これは、メールの宛名をパーソナライズした時にデータベースから「お客様の名前」という変数を取得できず、メールの冒頭で「　　様」と名無しで呼びかけてしまうケースに似ています。デジタルプロダクトの場合は、「(if)もし変数が見つからなければ、(then)"お客様"と表示する」というif-then文をフォールバック（代替措置）としてコードに組み込むことをお勧めします。

スターバックスでは、どんなフォールバックが有効でしょうか？ ある創造的なバリスタは、「今後も、あなたのお名前を覚えられそうにありません……」というメッセージをカップに書きました。フリクションが生じてもおかしくない瞬間、あるいは特に何も書かずに済ますといった無難な対応をして機会を逃しかねない場面を、このバリスタの機転が喜びの瞬間に変えました。この体験が、この顧客の**ライフタイムバリュー**[10]を増やしたことを定量的に証明することはできません。しかし、顧客がこの時の写真をInstagramにアップしたことで、スターバッ

※10　ライフタイムバリュー（LTV / Life Time Value）：顧客がビジネスと取引を続ける間に、その顧客が企業にもたらす総収益の推定値。マーケティングやビジネス戦略において、顧客維持や関係構築の価値を評価するために使われる

クスのポジティブなイメージが広がりました。人々は、ブランドがユーザーの気持ちを理解し、共感してくれていると感じたり、プロダクトが愉快な気持ちにさせてくれたりすることを喜びます。その結果、ユーザーが喜んでお金を使うようになればビジネスが潤い、ユーザーもますますプロダクトを楽しめるようになります。このウィンウィンの結果をもたらしたのは、またしてもUXライティングでした。

■ アクセシビリティ

テクノロジーには未来を変える力があります。テクノロジーの進化がもたらす恩恵を限られた一部の人々だけが享受する世界は倫理的に間違っています。もしそうなれば、特権はさらに強まり、持つ者と持たざる者の間の隔たりは一層広がります。そして、多様性から生まれるはずの相乗効果が失われてしまいます。テクノロジーが倫理的に運用されれば、プロダクトはより役立つものとなり、ビジネスはさらに成功し、人類全体がより良い状態になります。そしてその実現には、UXライティングがとても大きな役割を果たします。

アクセシビリティとは、自分の力ではどうしようもない障壁に直面している人々がプロダクトを使えるようにすることを言います。もともと議論の中心にあったのは、取り除けない物理的な障壁や克服しがたい身体的な障害で、主なユースケースは視覚に障害を持つ人たちが使うスクリーンリーダーでした。当時の「アクセシビリティ」は、視覚に頼らない方法でコンテンツを利用する人たちが視覚的なUIにアクセスできるようにするための代替テキストや、同様の目的で使われるUXライティングのツールや技術を指すバズワードでした。

次第に、色覚異常などの永続的な身体障害も議論に含まれるようになりました。さらに、神経多様性（ニューロダイバーシティ）の問題、識

評判を高める **095**

字能力やデジタルリテラシーに関わる問題などに長期的に苦しむ人たち
についての議論も加わりました。怪我などによる一時的な障害や、常に
世話をしなければならない乳幼児を抱え、疲労困憊している親、騒々し
い公共の場所で音声インターフェースを使おうとしている人などが直面
する状況的な障害も議論されるようになりました。

　永続的な障害、一時的な障害、状況的な障害を抱える人々がプロダ
クトを使えるようにすることが倫理的なのは明らかですが、それはビジ
ネス的にも理にかなっています。こうした障害に苦しむ人たちに対応
しなければ、巨大な潜在市場を逃すことになります。たとえば英国で
は、推定で人口の18%が何らかの障害を抱えて生活しています[11]。し
かも、アクセシビリティは多くの国で法的要件になりつつあり、アクセ
シビリティへの対応を怠って訴訟のリスクを冒すことはビジネスにとっ
て最善の選択とは言えません（Web Content Accessibility Guidelines
[WCAG] 2.1参照）[12]。

　画像には適切な代替テキストを書きましょう。「さらに詳しく」や「こ
こをクリック」のようなあいまいな表現を避けて、飛んだ先の予測がし
やすいリンクテキストを書くことも大切です。理由はどうあれスクリー
ンリーダーを使ってコンテンツを消費するユーザーにとってのアクセシビ
リティに配慮しましょう。また、動画にはクローズドキャプション[13]を
付けます。聴覚に障害を抱える人に役立つのはもちろん、静かな図書館
や騒がしい公共交通機関で音声コンテンツを視聴しようとする時の障壁
が下がります。これらはいずれも、UXライティングの範疇にあります[14]。

※11　詳細は https://www.st-andrews.ac.uk/hr/edi/disability/facts/ を参照
※12　詳細は https://www.w3.org/TR/WCAG21/ を参照
※13　クローズドキャプション（CC / Closed Caption）：映像に文字表示を出して追加補足
情報を提供する字幕の一種。必要に応じて表示非表示を切り替えることができる
※14　詳細は https://www.invisionapp.com/inside-design/writing-accessiblemicrocopy/
を参照

「タブ」や「ウィンドウ」といったデザイン要素や、「ナビゲーション」などの技術用語を使わずにコピーを書けば、デジタルリテラシーが低い人も使えるようになります。Hemingway App[※15]のようなツールを使って、誰もが読めるアクセシブルなコピーを維持しましょう。有志が協力してまとめてくれているReadability Guidelines（リーダビリティガイドライン[※16]）は根拠も確かで参考になります。これらもすべてUXライターの専門領域です。

　アクセシビリティへの対応に十分なリソースを取れるようになるまでは、accessiBe（図3.14）のような既製のソリューションをプロダクトに組み込んで、できる範囲の課題解決から始めることにしましょう。

図3.14：accessiBeが提供するウィジェットは、Webサイトやデジタルプロダクトに対するアクセシビリティソリューションを即座に提供してくれます（詳細は https://accessibe.com/ 参照）。

※15　Hemingway App：文章をより明確かつ魅力的にするためのツール。長くて複雑な文章や一般的な誤りを強調表示し、文章の読みやすさを向上させるのに役立つ（詳細は https://hemingwayapp.com/ 参照）
※16　https://readabilityguidelines.myxwiki.org/xwiki/bin/view/Main/
2024年11月時点リンク先移転 https://readabilityguidelines.co.uk/

評判を高める　　**097**

アクセシビリティの向上についてもっと知りたい方は、参考文献を参照してください。本書ではここまでにしておきますが、UXライティングを使ってビジネスに貢献し、UXを向上させようという内容の本であれば、アクセシビリティについて触れずに終わっているものはないはずです。

■ インクルーシビティ

アクセシビリティと同様に、プロダクトをインクルーシブにすることは倫理的であるだけでなく、より多くの人に訴求することにもなり、ビジネスの成功につながります。多くの人に受け入れられる言葉を使えば、ユーザーの数や質が向上します。ユーザーがプロダクトに熱中し惹きつけられることで離脱しにくくなったり、ソーシャルメディアを通じての情報拡散力が高まってプロダクトが広まりやすくなる効果も期待できます。しかし、インクルージョンがもたらす総合的な影響は、定量的な指標に直接結びつくものではありません。その効果は具体的には見えにくいものです。

インクルーシビティは、**多様性（Diversity）**、**公平性（Equity）**、**包括性（Inclusion）**の頭文字を取った「**DEI**」とも呼ばれますが、これは組織の内部構造や文化だけでなく、ユーザーに提供するUIにも求められるものです。DEIがもたらすROIだけで一冊の本が書けるほどのテーマですが、ここでは簡単に触れるだけにしましょう。

インクルーシブなUXライティングの基本は、すべての性別、人種、宗教、性的指向に配慮した言葉を使うことです。この配慮から英語圏では最近、「they / their / them」を単数形として使うのが主流になりました。たとえば「Once the **user** completes **their** purchase, we'll send a receipt.（ユーザーが購入を完了したら、レシートを送ります）」という一文を見てみましょう。昔は「user」を受けて「his」や「her」を使っ

ていましたが、今では「their」を使うのが正しく、ベストプラクティスだと考えられています。

　私の友人のShir (she/her)[※17]がInstagramのストーリーで私に言及したことを、Instagramが通知してきた時の例を見てください（図3.15）。単数形の「they」を使った、「Shir mentioned you in **their** story（Shirが自分のストーリーであなたに言及しました）」というコピーになっています。Instagramは、Shirの性別や性自認を知らず、また知る必要もないため、「their」を使って正しく対応しています。

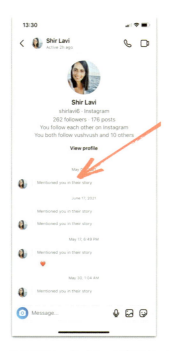

図3.15：Instagramの通知には、インクルーシブなコピーが使われています。

※17　ジェンダー代名詞（gender pronouns）：自分を呼ぶ時に使ってほしい代名詞のこと。「Shir」という名前の後ろに (she/her) と書かれているのは、Shirが生まれた時の性別が女性で、性自認も女性であることを表す

プロダクトのコピーを書く際に考慮すべきなのは、ジェンダーインクルージョンだけではありません。たとえば、民族的、文化的、あるいはその他の事情への配慮に欠いたフォームがバリデーションエラーを頻発させ、ユーザーを戸惑わせることは少なくありません。中国人の姓は英語で書くと2文字になる場合が多いにもかかわらず、3文字以上の入力を求めるようなケースです（図3.16）。スパム対策やユーザーの入力エラーを防止するための措置なのかもしれませんが、それが誰かを排除する理由にはなりません。代わりに取れる措置がきっとあるはずです。インクルージョンを意識していれば、ユーザーに「訂正」を強いるのではなく、入力内容の確認を促すコピーを書けたはずです。

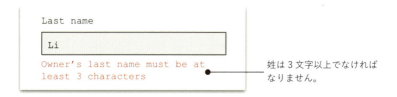

図3.16：インクルーシブでないマイクロコピーはまだ存在しています。

　名前に文字数制限がある場合だけでなく、ハイフンやウムラウト[※18]のような特殊文字が受け付けられない場合も、ユーザーにとっては残念な体験になります。技術的な制約があって、すべてのユーザーが正確に自分の名前を入力できない場合でも、コピーを工夫すればフリクションを解消できるかもしれません。ユーザーへの共感を示し、技術的制約について説明することで、事態を認識していることとユーザーへの配慮を示しましょう。

※18　ウムラウト（umlaut）：ドイツ語などで見られる二重母音の変音記号の一種で、通常は母音の上に二つの点（¨）を付けて表現される。「ä」「ö」「ü」など

ローカライゼーション

　名前の入力欄で特殊文字を使えるようにすることはインクルーシビティの問題ですが、同時にローカライゼーションの重要性も浮き彫りにします。まず、ローカライゼーションは翻訳と同じではありません。翻訳は言葉そのものを別の言語に変換することですが、ローカライゼーションは体験全体を変換することを意味します。プロダクトを新しい市場に展開する際には、翻訳に加えてローカライゼーションを行い、現地の文化や規範、感性に合わせてプロダクトを最適化しなければなりません。

　体験全体をローカライズせず、単に言葉を翻訳しただけでは、元の言語が持つ文化的な視点や引用、共通理解や偏見などがそのまま新しい市場のユーザーに伝わってしまいます。直訳ではほとんど意味をなさないだけでなく、たとえ言葉や文法が正しくても、誤解を招いたり、深刻な不快感を与えてしまったりする可能性があります。ローカライズせずに翻訳だけで済ますくらいなら、その市場への進出自体を避けた方が良いかもしれません。

　プロダクトが複数の言語で利用できるかどうかにかかわらず、識字能力が低い人や複数の地域をまたいで生活している人たちが感じる障壁を取り除くために、イディオムや比喩、ダジャレなどの言葉遊びをプロダクトのコピーに使うのは避けるべきです。翻訳が絡む場合、これはことのほか重要になります。慣用句を直訳するのではなく、訳した言語で似た意味を持つ慣用句に置き換えたとしても、さまざまな連想やニュアンスを引きずってしまうリスクがあります。その中には有害なものが含まれる可能性があり、いずれにせよ意図しない結果を招きかねません。

新しい市場への進出は概して好ましいことです。世界中の多くの人がプロダクトを楽しめるようになれば、それはユーザーにとっても、ビジネスにとっても明らかにプラスです。幅広い支持を得るために、通常、ブランドのボイス（全体的な人格やスタイル）をオーディエンスに合わせて調整しますが、オーディエンスが複数の文化にまたがる場合は、そのボイスもローカライズして適応させなければなりません。

実現するための成果の測定へ

　本書から受け取ってほしいメッセージをひとつだけ選ぶとすれば、それは、優れたUXライティングは芸術であると同時に科学でもあるということです。詩人や小説家が書く創作的な文章とは違って、UXライティングは正しく使いさえすればビジネスの成功に寄与し、ユーザーの体験を向上させられるツールになるのです。

　UXライティングとは何かを説明し、その重要性を主張して関心を持ってもらえたら、次のステップとして、UXライティングが具体的にどのように機能するのかを説明しなければなりません。UXライティングが真の力を発揮するには、ユーザーのフリクションを減らし、モチベーションを高め、プロダクトの評判を向上させ、より倫理的でポジティブな体験を提供することが不可欠ですが、それだけではまだ足りません。次章では、UXライティングの成果を測定し、具体的で確かな証拠として示す方法を見ていきましょう。

Chapter

4

論より証拠！
UXライティングの
成果の測定

Show Me the Money: Measuring Success

UXライティングの効果を具体的な数字で証明する方法を探求し始め
たのは、そこにまだ誰も手を付けていないと気づいたからです。カン
ファレンスやブログ、ポッドキャストでは、アクセシビリティやインク
ルーシビティ、ローカライゼーション、パーソナライゼーション、コン
テンツデザイン、プロダクトコンテンツ戦略、会話デザイン、ヒューリ
スティックス、組織構造、キャリアパス、さらには自分たちの呼び名に
至るまで、魅力的で発展的なテーマが取り上げられていましたが、UX
ライティングの効果の証明についてはほとんど議論されていませんでし
た。これにじっくり取り組むことは、UXライティングのグローバルな
コミュニティに対する類を見ない貢献になると考えたのです。

　もちろん、探究し尽くしたわけではありませんし、この分野を掘り下
げるうちに、自分だけの取り組みではないことにも気づきました。そこ
で、他の人たちとは違う、UXライティングの分野で注目と投資に値す
る新たな側面にスポットライトを当てることにしました。

　データ駆動型のUXライティングは、自然と私に馴染みました。この
世界に転向する前、10年ほど携わっていた神経生物学の分野では、あ
らゆる説明や発見がデータと紐づいていました。研究で明らかになった
事実や価値は特に定量データと深く結びついていましたが、それだけで
は不十分とされていました。研究成果を正しく理解するために、文脈と
解釈も同じように重要視されていたのです。成功を**定量的かつ定性的に
評価する**ことの重要性に対するこの理解は、UXライティングの世界に
も自然に反映されています。

測定を始める前の準備

Torrey Podmajersky（トーリー・ポドマジェルスキー）は著書
『Strategic Writing for UX』（『戦略的UXライティング ―言葉でユー
ザーと組織をゴールへ導く』― オライリージャパン, 2022）の中で、
「行ったことを測定しなければ、それを改善することができない」と説
明しています。UXライティングが与えた影響を測定することは重要で
すが、その測定を意味あるものにするには、まず基礎を固める必要があ
ります。適切な指標を選び、より包括的な洞察を得るために複数の指標
を使い、測定前にベンチマークを設定して後で比較できるようにします。
さらには、すべてがうまくいかなかった場合に備えた準備もしなければ
なりません。では、これらの基礎固めについてもう少し詳しく見てみま
しょう。

■ 適切な指標を選ぶ

何を測定すべきか？ という問いの答えは目指しているビジネス目標
によって変わりますが、いずれにせよ私たちが知りたいことを正確に反
映する指標を選ぶことが重要です。たとえば、特定のメールがプロダク
トのコンバージョンアップに寄与するかどうかを知りたいならば、メー
ルの開封率は適切な指標ではありません。メールを開封するかどうかで
はなく、**ユーザーがメールを開封した後の行動を測定**する必要があり
ます。

例が単純過ぎたかもしれませんが、驚いたことに私たちは、すでに導
入済みの「なんとかアナリティクス」が集めているデータのような簡単
に手に入る指標をつい使ってしまいがちです。それが、探している答え
からはほど遠いデータであるにもかかわらずです。第2章で述べたよう
に、手近なところにすでにある指標の活用も大切ですが、答えに通じる

指標を慎重に選ばなければなりません。必要があれば、問いに完璧に答えてくれるデータを集めるためのインフラの構築を検討しなければならないかもしれません。

■ ベンチマークを設定する

　ベンチマーキングとは、タスクにかかる時間、コンバージョン、リピート訪問者数など、体験のある側面を数値で表す定量的な指標を選ぶことを言います。これは、改善を測定するための基本的な出発点です[1]。その基準値を選び、設定することは、ROIを証明し、伝えるための基本的な第一歩となります。ベンチマークは、実験におけるコントロールグループと同じ役割を果たします。成功と失敗は常に相対的なものなので、ベンチマークやコントロールグループといった基準値を事前に準備しておくことが重要です。

■ 複数の指標を使用する

　NN/gのUXポッドキャストでKate Moran（ケイト・モラン）は、データはデザインを導くのではなく、支える役割を果たすべきだと警告しました。定量データにデザインの決定を任せてはいけません。単一の指標に頼り過ぎず、できるだけ多角的に測定して、最も意味のある洞察を得ることが重要です。「**測定されるものが管理される**」ということを忘れないようにしましょう。1つの指標に注目すると、その指標の数値を管理し、最適化することに全力を注ぎ、その数値の上下だけで意思決定するようになってしまいます。

※1　詳細は https://www.nngroup.com/articles/calculating-roi-design-projects/ を参照

先に触れた「資金の引き出し」フローの例を思い出してください。もし引き出しの頻度だけを測定していたらどうなっていたでしょうか？引き出された金額や、フリクションのないスムーズなフローに流されるまま誤って引き出してしまったお金の取消しを求めてカスタマーサポートへかかってきた電話の件数などを測定していなかったら、引き出しの頻度を上げることばかりに注力していたかもしれません。しかし、最終的なビジネス目標は「ユーザーにとって最適な借り入れを実現すること」であり、単に引き出しの頻度を増やすことではありません。さまざまな角度から測定することで、複数のデータを組み合わせて実際に成果を上げられたかどうかをより正確に判断できるようになります。

　不適切な例として、「マニピュリンク（無慈悲な二択）[※2]」や「コンファームシェイミング（羞恥心の植え付け）[※3]」の使用があります。これは、メインのCTAに進まないユーザーを引き止めるために、二次的なCTAで「いいえ、節約には興味ありません」や「最新情報には興味ありません」のようなネガティブな表現を使う悪しき手法です（図4.1）。

「いいえ、節約には興味ありません」という表現で羞恥心を植え付けようとしているマイクロコピー

図4.1：残念なことに、コンファームシェイミングは依然として広く使われています。これは、短期的にも長期的にも効果のない問題のある手法です。たとえユーザーに羞恥心を植え付けてニュースレターの購読に同意させたとしても、ユーザーの信頼を失った後では、それが収益につながる可能性は低いです。

※2　マニピュリンク（manipu-links）：NN/gが作った造語で、ユーザーに「無慈悲な二択」を迫り行動をコントロールしようとする手法
※3　コンファームシェイミング（confirm-shaming）：ユーザーに羞恥心や罪悪感を与えて引き止めようとする手法（詳細は http://confirmshaming.tumblr.com/ を参照）

測定を始める前の準備　**107**

1つの指標だけに焦点を当てると（この場合はクリック率）、恐ろしいほど容易に非倫理的なコピーを書けてしまいます。他の要素を考慮しなくてもそれで十分だと考えてしまうのは、UXライターの報酬や仕事の安定性が迅速な問題解決に依存しているからです。しかし、表面的な数値を超えて、もう少し広い視点で考えてみてください。無理やりニュースレターに登録させることが、収益を増やし、ビジネスにとって価値ある何かを生むでしょうか？ ユーザーにとってはひどいことだという点に異論のある人はいないはずです。登録者数は増えるかもしれませんが、意図せずに登録したニュースレターを誰が読むでしょうか？ メールを開くでしょうか？ ましてや後でコンバージョンするでしょうか？

　これは、単一の指標が悪いコピーの決定を助長してしまうことを示す好例です。ユーザージャーニーを俯瞰し、複数の指標を用いるようにすれば、優先事項のバランスをとってユーザーにより良いサービスを提供できたかもしれません。攻撃的ではない（そしてより倫理的な）コピーを書けば、ニュースレターの登録者数は減ったことでしょう。しかし、登録してくれたユーザーのライフタイムバリュー（LTV）は上がったはずです。ユーザーの希望や意図とビジネス目標が一致している方が両者にとってより良い結果を期待できます。

　メールの件名が開封率を上げるかどうかを知りたい場合は開封率を測定しますが、あわせて登録解除についても調べる必要があります。なぜなら、メール配信への登録を解除するためにメールを開いている人が多いとしたら、目標を達成できていないからです。そもそも、開封率を上げることが目標なのでしょうか？ 真の目標は、メールの本文を読んでメッセージを理解し、さらに行動を起こすユーザーの数を増やすことです。メールが多くのユーザーの目に触れたとしても、登録を解除するユーザーが増えたなら、全体的なエンゲージメントは向上していません。

同様に、クレジット申請フローからの離脱を減らすことを目標としていた第1章の例でも考えてみましょう。この例では、コントロールグループとテストグループの離脱率を比較し、評価用に書いたコピーが「救った」ユーザー、つまり離脱を免れたユーザーのLTVも測定する必要があります。また、LTVがユーザーの質を測るための最良の指標であるかどうか、そして唯一の指標であるかどうかも考えなければなりません。もしかしたら、最初の1週間の利用状況や最初の引き出し額など、より即時的な指標が必要かもしれません。最適な指標の選び方は本書の範囲を超えるので省略しますが、ポイントは開封率の例と同じです。単一の指標にとらわれてはなりません。単に離脱率を測るだけでは十分ではありません。真の目標は離脱を減らすことではなく、ビジネスの収益を増やすことです。利益を生まないユーザーの離脱を減らしても、真の目標には到達しません。

　私たちは常に、ユーザーの体験やジャーニーを包括的に捉えなければなりません。そして、それがビジネスの成長に与える影響も考慮する必要があります。そうすることで、関わるすべての人たちに最善の利益をもたらす意思決定ができるようになります。たった1つの数値を理由にコピーの変更を決めるのではなく、プロダクト全体の改善を念頭に置いてデザインを決めましょう。一歩引いて全体を見渡すことを心がければ、デザインを意のままに進めていけるようになります。

■ バイアスに注意する

　コピーが成功か失敗かを測定する際には、バイアスの罠に陥らないよう注意が必要です。自分たちの解決策がうまくいくことを望むがゆえに、中立を保つことを忘れ、成功を示すデータに肩入れしがちです。しかし、1つ目、2つ目、3つ目の解決策がうまくいかなくても、次の解決策を試せば良いのです。それまで以上に多くの情報にもとづいている次の解

決策こそうまく行くかもしれません。コピーの成否を評価する段階で注意すべきバイアスの例をいくつか紹介します。

- **自分たちと似た人ばかり集めること**：データを集める際に陥りやすいバイアスのひとつは、参加者の募集方法です。特定のFacebookグループにのみ投稿して、自分たちと似たような人ばかりを集めてはいないでしょうか。UserTesting[※4]で募集すると、自分と同じ性別の人ばかりになってしまうことがよくあります。そんな時は、テストをもう一度実施するのが基本ですが、再実施できない場合は、分析する際にデータが偏っている可能性を考慮するようにしています。

- **自分の視点にとらわれること**：人間である以上、思い入れのあるコピーに固執してしまうのはごく自然なことですが、それがデータの解釈に影響するようではいけません。定性的な調査では特に、バイアスにとらわれずにデータを見ることや、自分のエゴを棚上げしてデータを解釈することはむずかしいです。背景が異なれば世界の見方も違ってあたり前です。データの信頼性は、私たちが積極的に自分のバイアスを認識し、修正できるかどうかにかかっています。

- **声の大きいユーザーに注意を払い過ぎること**：声の大きいユーザーは、最も不満を抱いているユーザーである場合が多く、必ずしも代表的なユーザーではありません。とは言え、その意見に価値がないわけではありません。「声の大きい」フィードバックは、一見ネガティブに聞こえますが、実際にはすぐにでも対処できる簡単な問題を浮き彫りにしてくれることが多いです。小さな改善が大きな影響を持つ可能性があることを覚えておきましょう。否定的なコメントが多くても、それが全ユーザーを代表する意見ではありませんから気にし過ぎる必要はありません。

- **不要な変数を考慮すること**：バイアスによって、望ましい結果を無意

※4　UserTesting：プロダクトやサービスのユーザビリティ評価に利用できるオンラインプラットフォーム（詳細は https://www.usertesting.com/ を参照）

識に探したり、偏った解釈をしてしまったりする危険性があるだけで
なく、自分たちでは制御できない要因の影響を受ける場合もあります。
その中には、一切予測できない事態も含まれるでしょう。無菌室では
なく現実世界でテストを行う以上、どうしようもない場合もあり得ま
す。テスト期間中に経済危機が発生したらどうなるでしょうか？
ユーザーの行動にどのように影響するでしょう？ テストグループと
コントロールグループの双方に同様の影響を与え、テスト結果の有効
性が保たれることを期待しますが、必ずしもそうなるとは限りません。
たとえば、「ブランドが時事問題に対応していないと認識され、コン
バージョンが低下している」という仮説をテストしようとしていると
します。そこで、コントロールグループには時事問題に言及していな
い変更前のUIをそのまま見せ、テストグループには近々行われる地方
選挙について言及したコピーを見せるというテストを設計しました。
テストの途中で突然、地元で政治スキャンダルが発生します。これを
事前に予測したり、それに合わせてテストを計画したりすることはで
きませんでした。この場合、スキャンダルが影響するのはテストグ
ループのみです。スキャンダルに対する感情がプロダクトとの接し方
を変える可能性があります。つまり、地方選挙について言及したコ
ピー自体の影響ではありません。もし「時事問題に言及したコピー」
で触れたのが地方選挙ではなくハリケーンに関するものであれば、テ
ストへの影響はなかったでしょう。特定の時事問題に対するユーザー
の反応に影響されることがなければ、「時事問題に言及したコピー」
の効果を正しく評価できたと思われます。

予期せぬ要因がテストグループとコントロールグループにさまざまな
影響を与える場合、結果の解釈がより複雑になり、データの全体的な
信頼性が低くなる可能性があります。これを和らげる良い方法が必ず
しもあるわけではありませんが、データを意味のある慎重な方法で分
析するためには、以上のことを認識してデータに向かうことが重要です。

測定を始める前の準備　　**111**

■ 失敗のリスクに備える

指標は、コピーが成功したか失敗したかを教えてくれます。失敗の可能性が常にあることを忘れないでください。ビジネスステークホルダーがUXライティングの持つ潜在的な力を認識すると、ROIを高めるためにUXライターと連携したいと考えるようになります。しかし、ビジネスステークホルダーは同時に、UXライティングの失敗がもたらす悪影響の可能性も認識することになるでしょう。UXライティングは、闇を照らすためにも、すべてを焼き尽くすためにも使える火のようなものです。使い方次第で、善にも悪にもなり得ます。ビジネスステークホルダーは、UXライターにもっと多くのことを任せたいと興奮する一方で、新たなためらいも感じているかもしれません。

たとえば、既存のコピーと改良した（つもりの）コピーを比較するテストを実施するとします。改良版の指標が良い数値を示すかもしれませんが、逆に悪い結果になる可能性もあります。それは、実際にテストをするまでわかりません。ビジネスステークホルダーは、UXライティングの小さな変更がROIに与える潜在的な影響を理解しているため、コピーのテストに投資するかもしれませんが、改良版が逆効果だった場合、テストを実施しなければ良かったと感じる懸念も抱いている可能性があります。

『Presenting Design Work（邦訳未刊行）』の中で、著者のDonna Spencer（ドナ・スペンサー）は、ビジネスステークホルダーとのコミュニケーションで大切なのは、彼らとUXライターとの間に強い利害関係があるのを忘れないことだと教えてくれました。それは、良い時も悪い時も同様です。

通常、プロダクトには「オーナー」や「統括責任者」と呼ばれる人がいます。多くの場合、この人物がリスクも管理しています。財務的な責任を負い、プロダクトやサービスが世に出た時に起こるすべてに責任を持ちます。デザイナーは自分たちがデザインを決めていると思うかもしれませんが、最終的にデザインに関する決定を下すのは、リスク管理者であるこの人です。

ビジネスステークホルダーは会社の最前線に立っています。彼らにも報告すべき上司があり、達成すべき業績指標があります。前述したようにKPIは通常、収益指標（利益やコスト削減など）や評価方法（受け取るボーナスやチームを拡大するために与えられる予算）と結びついています。ビジネスステークホルダーと同じ言葉で話すことは、彼らの役割、懸念、そしてUXライティングのプロジェクトに感じている個人的なリスクに共感することを意味します。

幸いなことに、これを実行するための簡単なアプローチがあります。

1) ビジネスステークホルダーの懸念を認識する。
2) ビジネスステークホルダーが背負うリスクの具体的な内容を聞き出し、理解する。
3) リスクを軽減するためのフェイルセーフ[5]を実装してビジネスステークホルダーに明確に伝える。（リスクを軽減する方法はたくさんあります。たとえば、コントロールグループとテストグループをそれぞれ全体の5%ずつという少ないユーザーでテストを実施し、誰も損害を被らないことが確認されてから、各グループを50%ずつにテストを拡大する方法などが考えられます）

---

[5] フェイルセーフ（fail safe）：装置やシステムで、破損や誤操作、誤動作による障害が発生した場合、常に安全側に動作するようにしておくこと

これは今後のコラボレーションのためだけでなく、現在のビジネスにとっても重要です。ステークホルダーの懸念がビジネスの利益を考慮したものであると仮定すれば、これに適切に対応することが個人レベルでも、そしてビジネスのレベルでも健全な協力体制の構築につながることでしょう。

定量データの測定手法と指標

　成功か失敗かを評価するためのツールや方法はたくさんあります。手軽で安価なものに飛びつきたくなるかもしれませんが、その誘惑に負けず、プロジェクトに最適なものを賢く選びましょう。

■ A/Bテスト

　A/Bテストは、非常によく使われる定量的テスト手法です。テストするコピー以外のものはすべて同じ状態に保ったまま、A案のコピーをグループAに、B案のコピーをグループBに提示し、ボタンクリック数などの数値を測定して比較する非常にシンプルな手法です。BBCのGlobal Experience Languageのサイトによると、A/Bテストでよく使われる指標には、ボタンクリック数、タスク完了時間、タスク完了率、タスク中断率、エラー発生率、コンバージョン率などがあります[6]。

　A/Bテストには、次のような長所と短所があります。

- **長所**：確固たる数値が得られるため、結果に自信を持て、仮説に対する強力な裏付けも得られます。たとえば、クリック数が50回と500

※6　詳細は https://www.bbc.co.uk/gel/guidelines/how-research-is-different-forux-writing を参照

回ではその違いは誰の目にも明らかで、反論の余地がありません。

- **短所**：「何が起こったか」は教えてくれますが、「なぜそうなったか」を知ることはできません。しかしこの大きな短所は、適切な定性データで補完すれば解決できます。たとえば、借り入れ資金を自分の口座に引き出すためのボタンのクリック数を増やす目標を例に考えてみましょう。既存のコピーは「Transfer Funds（資金を移す）」になっていて、これを「Continue（続ける）」に変更して効果があるかどうかをテストした結果、「続ける」の方のクリック数が10倍になったとします。これで「**何が起こったか**」がわかりました。つまり、コピーを「続ける」に変更した方が効果的なことは確認できましたが、「**なぜそうなったか**」はわかりません。この場合、ユーザーに話を聞く必要があります。ユーザーが「続ける」をクリックしたのは、返済条件についての追加情報を求めたからだったという理由も考えられます。想定とは違う理由でクリック数が増えたのだとしたら、それは成功とは言えません。A/Bテストの結果だけで結論を出さないようにしましょう。

ZALORA[7]というECサイトでは、「返品無料」と「送料無料」という2つの人気機能を強調して、購入を完了するところまで進んでくれるユーザー数の向上を目指していました。そこで、2つの機能が「See more（もっと見る）」の中に隠れていて目立たず、ユーザーに認識されていないという仮説を立て、2つの改善案を作成しました[8]。1つ目の改善案は、「See more（もっと見る）」をクリックしなくても見える位置にコピーを置いて目立たせたもの、2つ目の改善案は、1つ目の改善に加えて「Free（無料）」という文言をさらに強調したものです（図4.2）。

---

[7]　ZALORA（ザローラ）：シンガポール発のファッションに特化したECサイトで、アジア圏を中心にサービスを展開している

[8]　詳細は https://vwo.com/success-stories/zalora を参照

定量データの測定手法と指標　　**115**

図4.2：Zaloraが実施したテストに似せたA/B/Cテストの例。既存のバージョンと2つの改善案の3つを比較するテストです。

　1つ目の改善案が、購入フローを完遂するユーザー数を12.3％増加させて最も良い結果となりました。定性的な方法で「**なぜそうなったのか**」を確認し、バイアスやその他の要因を取り除く前の数字ではありますが、データとしては有望に見えました。

　改善案が常に良い結果をもたらすわけではありません。テストした結果、元々のバージョンの方が改善案よりも優れていることが判明する場合もありますが、それはそれで問題ありません。過去に良い仕事をしていたことを誇りに思いましょう。そして、別の改善案を考えて引き続きテストを行います。最適化に終わりはありません。あるいは、このタッチポイントにこれ以上の効果を期待するのはむずかしいと判断してテストを終了し、別のビジネス目標に移ることも選択肢のひとつです。

■ シングルイーズクエスチョン

シングルイーズクエスチョン（SEQ / Single Ease Question）は、タスク完了直後に聞く一問だけのアンケートです。通常は7段階の評価スケールを使ってユーザーにタスクの難易度を評価してもらいます。プロダクトに組み込んで、フローの途中で回答してもらう場合が多いです（図4.3）。

SEQとA/Bテストを併用し、結果を比較するとより効果的かもしれません。たとえば、A/Bテストで改善案の方がより多くクリックされ、SEQでも「簡単」と評価された場合は、素晴らしい結果です。しかし、クリック数が少ないのにSEQの評価が「簡単」となった場合はどうでしょうか？ その場合は、フローのもっと早い段階のコピーを改善したほうが効果的だということかもしれません。

SEQとネットプロモータースコア（NPS / Net Promoter Score）は見た目や使い方が似ていますが別物です。NPSのデータはプロダクトのマーケティングリサーチと関連性が強いのに対し、SEQはユーザビリティ評価に軸足を置く手法です。

SEQには、次のような長所と短所があります。

- **長所**：SEQを使えば、比較的信頼できるデータをとても効率よく集められます。ユーザーの負担が少ないため、高い回答率を期待できますし、分析も容易なので迅速に確かなデータが得られます。また、A/Bテストだけでは得られないユーザーの感情について調べられるのも長所のひとつです。
- **短所**：ユーザーがタスクの難易度を正確に報告しない可能性があります。タスクを達成できなかったり、自分で思った以上に時間がかかっ

定量データの測定手法と指標　**117**

てしまったりした場合、ユーザーも人間ですから、自尊心が働いて自分の失敗を認められないかもしれません。また、時間がかかるタスクをよりむずかしいと評価する傾向もあります。たとえば、名前や住所の入力は容易ですが、入力欄が細かく分かれていると予想以上に時間がかかり、SEQスコアが不当に低くなることがあります。一方、入力欄をなるべく少ない数にまとめると、SEQスコアは改善されるかもしれませんが、実際のユーザビリティを正確に反映しているとは言い難くなります。SEQデータがタスクの所要時間によって不当に低く評価されるのを防ぐためには、タスク完了時間という定量的な指標とSEQの値を組み合わせて分析する方法があります。そうすれば、ユーザーの主観的な評価に依存しない定量的な指標になります[※9]。

図4.3：SEQテストは、プロダクトに組み込むとより効果的です。

可能であれば、定量的なSEQと自由記述などの定性的なアンケートを組み合わせて、より包括的な洞察を得るようにしましょう（図4.4）。

※9　詳細は https://uxplanet.org/the-abcs-of-measuring-the-user-experience-ofyour-product-or-service-f079d0676d5e を参照

図4.4：プロダクトに自由記述式の定性的なアンケートを組み込んでおけば、SEQの結果と一緒に分析できます。

クリックテスト

　クリックテストは、ユーザーがプロトタイプのどこをクリックしてタスクを完了したかを記録するものです。1ページだけでなく、ユーザージャーニー全体を対象にテストすることもできます。ユーザーが最初にクリックした位置を数値として記録したり、クリック数の多い場所と少ない場所をヒートマップで可視化したりして分析を行います[10]。

　UXデザイナー兼リサーチャーのBob Bailey（ボブ・ベイリー）は、2006年にアメリカ疾病予防管理センターのWebサイトでクリックテストを実施しました。彼の調査によると、最初のクリックで正しい経路を選んだ参加者は87％の確率でタスクを達成したのに対し、最初のクリックで間違った経路を選んだ参加者は46％の確率でしかタスクを達成できないことがわかりました[11]。

※10　詳細は https://www.bbc.co.uk/gel/guidelines/how-research-is-different-forux-writing を参照
※11　http://webusability.com/firstclick-usability-testing （2024年11月時点で閲覧不可）アーカイブサイトにて同内容を確認可能 https://web.archive.org/web/20211128153320/http://webusability.com/firstclick-usability-testing/

ROIを向上させたいなら、収益につながるタスクをユーザーに完了してもらう必要があります。もしベイリーの言うとおりで、ユーザーが最初にクリックした場所がタスク達成率に41%もの差を生むのであれば、最初のクリックを間違えさせないことが何より重要です。フロー全体に均等に投資するのではなく、最初のクリックに重点的に投資する方が大きな成果を期待できるでしょう[12]。

クリックテストには、次のような長所と短所があります。

- **長所**:「購入を完了するためにどこをクリックしますか?」といったユーザビリティに関する質問に対して明確かつ直接的な答えが得られます。テストは、ラフなワイヤーフレーム、モックアップ、本番環境のWebサイトなど、どの段階でも実施できます。また、エンジニアリングのリソースを必要とするA/Bテストとは違い、クリックテストは非常に低コストで実施できます。

- **短所**:クリックテストでは、ユーザーがなぜその場所をクリックしたのかはまったくわかりません。インタビューを組み合わせて直接質問をしたり、オンラインテストなら理由を発話してもらって録音したり、自由記述のアンケートを組み合わせたりしない限り、理由を知ることはできません。

大学図書館のサイトで学部生や教員が最もよく行うタスクはジャーナル記事の検索です。カナダのとある大学で、200人にこのタスクを実施してもらい、最初にクリックした場所を記録するテストが行われました(図4.5)。その結果、学部生は検索機能を利用する傾向が強く、代わりにカテゴリーリンクを使おうとした学部生は間違ったリンクをクリックしがちであることがわかりました。つまり、学部生にはカテゴリーリン

※12　詳細は https://www.usability.gov/how-to-and-tools/methods/first-clicktesting.html を参照

クよりも検索機能の利用を促すことで、より効果的で迅速な検索が可能になるだけでなく、ストレスが少なく満足度の高い、より充実した体験を提供できると結論付けられそうです。

図4.5：カナダの大学で実施されたクリックテストの生データから、コンテンツの階層構造や学部生ユーザーに関する重要な洞察が得られました（詳細は http://neoinsight.com/about-us/case-studies/16-static-content/corporate/about-us/45-first-click-libraries を参照）。

　これをECサイトに置き換えて考えてみましょう。学部生と教員を比較する代わりに、高単価の顧客と低単価の顧客を比較します。高単価の顧客は検索機能を使って商品を探す傾向が強く、商品を探す際に関係のないカテゴリーリンクを間違えてクリックすることは少ないことがわかりました。これは、迅速かつ確実に収集できる重要な情報です。そしてこの情報にもとづいてナビゲーションや検索機能、購入フローなどの設計を行えば収益の増加が期待できます。テスト自体にかかるコストも安く済むため、ROIも申し分ありません。

■ カードソーティング

　カードソーティングは、メニューやナビゲーションに使うコピーのテストに使う手法です。機能名、プロダクト名、カテゴリーなど情報アーキテクチャの構築に必要となる見込みがある要素を書いたカードをユーザーに渡し、グループ分けしてもらいます。

定量データの測定手法と指標

カードソーティングには、次のような長所と短所があります。

- **長所**：テストを実施する側のバイアスが影響しにくいのが一番の長所です。カードに何を書くかは実施する側で決めますが、参加者に質問をして誘導したり、特定の結果を期待したりすることはありません。参加者が提供してくれる洞察は、私たちが思いつきもしなかった解決策や新たなアイデアに気づかせてくれます。
- **短所**：参加者のバイアスを最小限に抑えるために、プロダクトの他の部分や時には画面の詳細すら知らせずにカードを分類してもらいますから、その結果をそのままプロダクトに反映できない可能性があります。また、カードに書かれているマイクロコピーの意味や意図を誤解したまま分類してしまうこともありますので解釈には注意が必要です。

カードソーティングは、特にナビゲーションメニューを検討する時に力を発揮します（図4.6）。たとえば、「Credit（クレジット）」には分類できない新しいプロダクトをメニューのどこに配置するかを決める必要があるとします。「Credit（クレジット）」というカテゴリーを「Products（プロダクト）」に変更すべきでしょうか？ 変更した場合、たった1つのプロダクトしか利用しないユーザーにはどう対応すべきでしょうか。あるいは、多くのプロダクトを利用してくれているユーザーの場合、メニューが長く煩雑になってしまって逆に使いにくくなる恐れがあります。どうしたら良いでしょうか？ 答えが見つからない場合は、ユーザーに聞くことにします。

図4.6：左はカードソーティングでテストする前のハンバーガーメニュー、右はテスト後のメニューです。アプリが進化してプロダクトが増えたことで、再構成が必要になりました。

　カテゴリー名や情報の種類、プロダクトや機能の名称、バリュープロポジション[13]などを書いたカードに加えて、新しいメニュー名を思いついた時に書き出すための白紙のカードもユーザーに渡し、アプリをできるだけ効率よく使えるように分類してもらいます（図4.7）。ユーザーにとって直感的でわかりやすいとされる分類が、自分たちにとっては意味をなさないように感じるかもしれませんが、それは私たちがメニューを知り過ぎていて「知識の呪い[14]」にとらわれているからです。重要なのは、ユーザーにとって意味があり、わかりやすい配置かどうかです。

※13　バリュープロポジション（value proposition）：顧客に提供する価値や利益
※14　知識の呪い（curse of knowledge）：知識があるためにその知識を持たない初心者の視点を理解しにくくなるという認知バイアス

定量データの測定手法と指標　　123

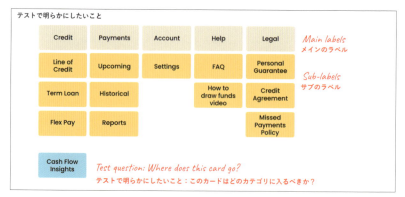

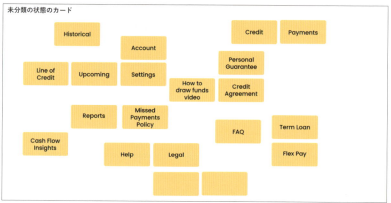

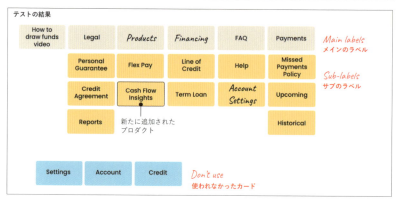

図4.7：メニューのカードソーティングは、まずUXライターがカードの配置について仮説を立てることから始まります。それにもとづいてカードを準備してテストを実施し、参加者が実際にカードをどのように配置したかを見ます。

Chapter 4　論より証拠！ UXライティングの成果の測定　Show Me the Money: Measuring Success

■ ストーリーの一面を伝える

　優れた定量的指標は、ROIについて多くのことを教えてくれますが、ユーザーの体験全体を理解するには限界があります。プロダクトを使うフローのどこで、なぜ問題が起こるのかまで理解するには、定量的指標だけでは不十分です。

　定量データを集める方法は他にもたくさんありますし、独自の方法を編み出すこともできます。しかし本当に重要なのは、自分たちの問いにしっかりと答えを出してくれる指標を測定し、ビジネス目標というより大きな文脈を考慮に入れることです。また、こうした定量データを収集し、分析するためのリソースを確保することに加え、バイアスの影響を意識しながら、別の方法で結果を検証することも重要です。

　これらのテストには、前後にさまざまな作業が必要で、そこにもコストや時間がかかることを忘れないでください。テストを実施し、その結果を活用するには、テストを計画し、テストする部位をデザインして実装し、得られたデータを分析する作業が欠かせません。ですが、そうした手間を理由にテストを行わないという判断は避けるべきです。プロジェクトのROIを算出する際には、これらのコストも考慮に入れましょう。KAPOWフレームワークを活用して何をテストすべきかを決める時も、テストを実施するためにかかる全体のコストを考慮する必要があります。

　私たちの活動のすべてを数値で表すことはできません。だからこそ、全体像を描くためにも、そしてUXライティングがビジネス目標にもたらす影響をビジネスステークホルダーに示すためにも、定量的なデータによる裏付けに定性的なデータを添えて補完する必要があります。

定性データの測定手法と指標

　UXライティングの影響を測定し、伝えるためには、ユーザーが「**何をしているのか**」を教えてくれる定量的な手法と、ユーザーが「**なぜそうしているのか**」を示してくれる定性的な手法を組み合わせて結果を照合することが重要です。ユーザーが特定の行動を取ったり、取らなかったりする理由がわかれば、解決策を明確にし、優先順位を付けて実行するための指針が手に入ります。そうすれば、リソースを無駄にすることも、手探りで進む必要もなくなるでしょう。

　定量的な指標の場合と同様に、まず目標を設定し、その達成を測るための指標を決めることから始めます。定性調査は、定量調査に比べるとお金も時間もかかりますし、参加者の募集もすこし厄介です。特定のリサーチクエスチョンと相性が良い（または悪い）手法もあります。よく使われている手法をいくつか見ていきましょう。

■ インタビュー

　ユーザーと直接話すことは、おそらく最も一般的でわかりやすい定性調査手法です。

　インタビューには、次のような長所と短所があります。

- **長所**：他のどの手法よりも豊富な洞察につながります。
- **短所**：個々の事例にもとづく結論になりがちなのは短所のひとつですが、事例をいくつか集めればコピーの方向性は十分に決められます。参加者を集めるのがむずかしく、実施と分析に時間がかかるのもインタビューの難点です。事例ベースになってしまうというインタビュー

の性質と選択バイアス※15を考慮し、別の定性調査手法と組み合わせて結果を照合することが大切です。

第1章で紹介したプロジェクトを思い出してください。コピーがプロダクトへの信頼感にどのように影響するかを調べるものでした（図1.4）。インタビューで得られた情報はとても貴重でした。他の手法でも、信頼感を醸成する要素をユーザーに比較してもらうことはできましたが、私が自力では思いつかなかった新しい要素に気づかせてくれたのはインタビューでした。

たとえば、「これらのロゴは、利用者のコメントよりも安心感を与えますか？」という質問をアンケートで聞くことはできますが、インタビューなら「どのロゴによる」という回答に対し、さらに「**どのロゴがどのように安心感を与えるのか**」まで掘り下げて聞くことができます。利用者のコメントについても、アンケートではポジティブな印象かネガティブな印象かを聞くことにとどまりますが、インタビューなら、**どんなコメントが安心感に影響したか**を具体的に聞くことができます。利用者のコメントやロゴよりも、第三者による認証へのリンクの方が効果的だという意見も引き出せました。インタビューを行わなければ、この案を思いつくことはなかったかもしれません。ユーザーの力を借りてライティングを行えば、新たな発見が得られます。

■ 自由記述アンケート

アンケート調査は通常、選択式のような定量化しやすい形式で行われます。他の部署（マーケティングやプロダクトマーケティング部門が実施することが多いです）がアンケート調査を実施する時に、自由記述式

※15　選択バイアス（selection bias）：データの収集方法やサンプル（参加者）の選び方が原因で調査の結果が偏ってしまう現象

定性データの測定手法と指標

の質問を追加させてもらうと良いでしょう。たとえば、A案とB案のどちらの画面が好みかを聞くアンケートに、**なぜそのバージョンが好ましいのか、もっと良いバージョンがあるか**などを聞く質問を追加します。

自由記述アンケートには、次のような長所と短所があります。

- **長所**：インタビューよりも参加者の募集が容易で、参加者への謝礼も安く済みます。
- **短所**：定量的なアンケート調査よりも分析に手間がかかり、インタビューほど深い洞察は得られません。それでも、時間や労力を抑えながら、ある程度の洞察は得られます。

たとえば「どこで当社を知りましたか？」のような1問だけのアンケートをプロダクトに埋め込めば、迅速かつ低コストでフィードバックを得られます。また、プロダクトのオーディエンスが集まるLinkedInやX（旧Twitter）のようなプラットフォームで、ワンクリックで回答できる選択式のアンケートを実施することもできます。幅広いユーザーから迅速に大量のデータを集める方法としてこれほど簡便なものはありません。また、絶対数だけでなく割合も見れば、口コミによるユーザー獲得数の推移も確認できます。もし口コミが増えていれば、**顧客獲得コスト**（**CAC / Customer Acquisition Cost**）の観点からマーケティング部門も大喜びするでしょう。

参考までに、アンケートの最後の質問を「追って確認したいことがある場合、連絡してもよろしいですか？」にしておけば、次のインタビュー調査に向けたユーザーリストの作成も始められます。

■ ユーザビリティテスト

　ユーザビリティテストでは、思考発話（頭の中で考えていることや感じたことを発話すること）しながら一連のタスク（操作課題）を実行してもらいます。これまでUserTestingというSaaSプラットフォームを使って多くのユーザビリティテストを実施してきましたが、UserTestingを使えばタスクの順序や指示を自動化できて、参加者がタスクを実行する様子も録画できます。ユーザビリティテストは、「何をしているのか」と「なぜそうしているのか」に答えてもらう効率的な手法です。参加者は必ずしもターゲットユーザーを完璧に代表しているわけではありませんが、少なくとも同僚よりはターゲットに近い存在です。選定基準を慎重に設定して十分な数の参加者を集めれば、極端なフィードバックに過度に影響されずに済みます。また結果を慎重に評価すれば、低コストで多くの有益な情報を得られ、後になって修正するコストを節約できます。

　参加者にテストしてもらうのは、検討中の複数の画面デザイン、インタラクションまで盛り込んだ設計途中のプロトタイプ、あるいは本番環境のWebサイトなどです。参加者がタスクを行う様子と、口頭やテキストで返してくれたフィードバックを記録します。

　ユーザビリティテストには、次のような長所と短所があります。

- **長所：**
  - ユーザビリティテスト用のプラットフォームを使えば、ユーザーの募集と謝礼の支払いを迅速に行うことができます。たとえば夕方にテストを設定しておけば、翌朝にはすでに20件以上の回答が届いているなんてこともありますから、翌日からすぐに録画と記録の確認や結果の分析を始められます。

- 質問で誘導してしまう懸念がアンケートよりも少ないです。ユーザビリティテストならユーザーの思考の流れを確認できるので、特定のトピックに絞ったアンケートの質問では手に入らない洞察を得られることがあります。

- 定性的なデータと定量的なデータを同時に集められます。参加者の思考の流れ、意見や提案など、リアルで完全なフィードバックが定性的なデータです。一方の定量的なデータは、製品名を正しく言えた参加者の数や、ナビゲーションの中の適切な項目を見つけるのにかかった秒数などをいいます。3つの検索方法を有するWebサイトをテストした時は、ブログ記事を探すタスクを実施してもらい、どの検索方法に気づき、どれを最初に使い、どれを好んで使ったかを測定しました。

- もうひとつの長所は、データの収集、分析、洞察には直接関係しませんが、テストの映像がステークホルダーなど意思決定を担う人たちの気持ちに大きな影響をおよぼすことです。コピーを決める時の議論において、参加者の言葉ほど力強いバックアップはありません。

- **短所：**
  - くり返しになりますが、テストの参加者は必ずしも実際のユーザーとは限りません。ただし、プロダクトに慣れ親しんだユーザーでは回答が偏ってしまう懸念がある場合はむしろ望ましい状況です。たとえば新しいロゴをテストする場合、既存ユーザーは見慣れてしまっていて新しいロゴを新鮮な目で見られないかもしれません。とは言え、実際のユーザーではない参加者によるテストはあまり有効でない場合が多く、結果の解釈には慎重を要します。

  - 参加者はテストに参加して謝礼を受け取ることになるので、正直な意見ではなく、テストを実施する側が求めていると思われる回答をしがちです。

- プロダクトの既存ユーザーを対象にユーザビリティテストを行う場合は、利用歴の長短によるバイアスに注意しなければなりません。利用歴の長いユーザーは、使っている中で発見してきた回避策を取れるため、ユーザビリティの問題をあまり明らかにはしてくれない可能性があります。しかし、そうした回避策はプロダクトの改善につながるヒントになりますから、さまざまなセグメントのユーザーを集めることが重要です。

　ここでも第1章で紹介した信頼感についての調査（図1.4）を例に考えてみましょう。銀行のデータを連携するタッチポイントに関する調査でした。ユーザビリティテストの参加者は、そのブランドについて何も知らず、ブランドの影響をまったく受けずにコピーを評価しました。しかし、実際のユーザーはブランドに対する何らかのイメージをすでに持っていて、それが各画面に対して感じる信頼に大きく影響するはずです。また、実際のユーザーは初回利用時にこのタッチポイントを経験しているため、何らかの先入観を持って既存のバージョンを見ることになったと考えられます。完璧な参加者を集めるのはむずかしかったので、手に入れたデータを慎重に分析して解釈することにしました。

　日常生活で似たプロダクトを使っているかどうかを聞いて、参加者をふるいにかける手もあります。もし似たものを使っているなら、テスト対象とするあなたのプロダクトに対する好みは、使い慣れたものの慣習に影響を受けて偏ったものになるかもしれません。競合よりもはるかに使いやすいプロダクトや体験を提供したとしても、「使いにくいバージョン」に慣れてしまっている人には、その良さが伝わらない可能性があります。

■ 穴埋めテストとハイライトテスト

穴埋めテスト（Cloze test）は、Mad Libs[16]のようなもので、一部の単語が抜けた状態のコピーをユーザーに見せて、穴を埋めてもらう手法です（図4.8）。プロダクトの名前を決めたり、機能のバリュープロポジションを説明したり、その他のシナリオを考えたりする時に役立ちます。必要な単語がどうしても思いつかない時や同義語のどちらを選ぶかで意見が割れた場合には、ユーザーにどう書くのが自然かを聞いてみましょう。

図4.8：穴埋めテストはコピーの選択を検証するだけでなく、まったく新しい方向性を見つけたい時にも有効です。ユーザー自身にコピーを書いてもらうのが最善という場合もあります。参加者から提案のあった言葉や表現は図中の青い文字で示されています。

穴埋めテストには、次のような長所と短所があります。

- **長所**：同じ参加者に多くの質問をすることができます。協力してくれる参加者を集めることが課題となったとしても、一度に大量のデータを集める絶好の機会です。また、自分たちでは思いつかなかったコピーの可能性を発見するきっかけにもなります。内部で言葉選びにもめている場合には特に、この手法が役立ちます。たとえば、クレジットカードの手数料を「Transaction fee（取引手数料）」と呼ぶべきか

※16　Mad Libs（マッドリブス）：1950年代にアメリカで生まれた言葉遊びゲーム

「Processing fee（処理手数料）」と呼ぶべきかで意見が割れた場合です。穴埋めテストをすれば、多くの参加者が「Interchange fee（交換手数料）」という表現を最も自然に感じるという結果が得られるかもしれません。

- **短所**：参加者が書いたコピーがプロダクトのボイス＆トーンに合わなかったり、業界の慣習にそぐわなかったりした場合には、そのまま使うわけにはいきません。また、プロダクトや機能、フローやバリューに関する知識や背景を持つターゲットユーザーの中から参加者を集めることが、穴埋めテストでは特に重要となります。

穴埋めテストが参加者に空欄を埋めてもらうのに対して、既存のコピーにマーカーで印を付けてもらうのがハイライトテストです。コピーに使われている表現の中で理解できない部分や、フローを進んでいくのを助けてくれたと感じた言葉に色などを使って印をつけてもらいます。

■ ソーシャルメディアのフィードバック

プロダクトの評判を向上させることがビジネス目標だとしましょう。ユーザーリサーチを行い、プロダクトの現在の評判に影響している問題の解決に効果的なコピーの修正について仮説を立てます。たとえば、ユーザーがタスクを長く感じるのは、各ステップを明確に説明していないコピーが原因かもしれないという仮説が考えられます。そこで、最も利用頻度が高いフロー、評判に敏感に影響するフロー、あるいはユーザーに悪印象を与えやすいフローなどに注目して、コピーを書き直します。そして再び、「快適で便利で使いやすい、おまけに使っていて楽しいプロダクトになっているでしょうか？」とユーザーに尋ねます。

しかし、そもそも評判はどうやって測るのでしょうか？

定性データの測定手法と指標　　**133**

ソーシャルメディアで、そのプロダクトがどのように言われているかを見る方法があります。読書家向けのアプリなら、読書家が集まっているFacebookグループに参加して、そこでの発言を観察してみましょう。調査よりも、正直な意見交換がなされている可能性が高いです。

　Trustpilot[※17]のカスタマーレビューを見てみましょう（図4.9）。星の数での評価に加えて、自由記述のコメントもあります。文脈のない定量的な評価は、対照的に背景や理由まで教えてくれる定性的な評価におよびません。たとえば、星の数では低評価が多いプロダクトが実は納税アプリで、税金を嫌うユーザーが低評価を付けているだけだとしたら、そのプロダクトは必ずしも失敗とは言えません。同じように、最近実施したプロモーションのおかげで高評価を得ている場合も、UXライターの仕事の評価にはあまり役立ちません。

図4.9：Trustpilotは、星の数という定量的な評価とコメントという定性的な評価を組み合わせた、包括的なフィードバックを提供しています。

　もちろん、サイトを徹底的に調べて自由記述のコメントを読み込むのは、スクリプトを使って自動的に測定結果を数値化するよりも手間がか

※17　Trustpilot（トラストパイロット）：2007年にデンマークで設立されたオンラインレビューサイト

かります。しかし、確認が必要なコメントの数はそれほど多くありません。から安心してください。パターンが見え始めたら、信頼性が高く、実行可能な結論をすぐに導き出せるはずです。

■ ストーリーの全容を伝える

成功を測る手段は多岐にわたりますが、最もむずかしいのはどの手法を使うかを決めることです。定性的なテストは、定量的な手法で得られた大きくて印象的な数字に文脈を与え、プロダクトやコピーの成功の物語を補完して、さらなる改善を進めるための基盤を提供してくれます。つまり、定量的な手法と定性的な手法を組み合わせてこそ、最大の効果が期待できるのです。

質の高い定性データを得るには、関連する指標を確立し、コスト効率の良いツールや方法で測定を行い、結果を正確に解釈して、それを実行可能な洞察にまで精練する必要があります。検証しようとしているコピーや利用可能なリソースに応じて、各状況に適した「正しい」手法があります。中には、費用をかけずに無料で集められるデータもあります。定性的な調査の中には、具体的な成果物（たとえば、体験の倫理性の評価など）に結びつかないものもありますが、それでも無視してはいけません。UXライティングがビジネスやユーザーに与えるプラスの影響は定量化できない場合もありますが、その価値は非常に高いものです。

リサーチにもとづくコピーの作成は可能です。利用できるすべてのリソースを活用し、チームで協力して自分たちの思考を批判的に分析し、バイアスと向き合い、出した結論を実行に移せば、質の高いコピーを実現できるでしょう。

より広い視野を持つ

　UXライターとして、私たちは**ユーザーだけでなくビジネス全体を視野に入れ**、コピーを作るだけでなく、その成功の測定にまで目を向けなければなりません。そうすれば、プロダクトコピーにとどまらず、もっと広い範囲に影響をおよぼすことが可能になります。影響範囲が広がれば、スキルや専門性を向上させる機会が増え、チームを増員する理由にもつながります。

Chapter

5

ビジネスに貢献する
UXライティングの力

Impacting the Business Beyond UX Writing

マイクロコピーの作成は戦術に大いに関係します。マイクロコピーという最小単位にまで踏み込んで精緻に練り上げ、細部まで完璧な体験の実現を目指す作業です。マイクロコピーの一つひとつがユーザーの体験に、そして間接的にはビジネスの成功に途轍もなく大きな影響をおよぼすというだけでも驚きなのに、UXライターが貢献する方法はまだまだ他にも考えられます。

UXライターは、自分ひとりに対して、その2倍から10倍にもなるデザイナーやプロダクトマネージャーらとチームを組むのが一般的です。そして、新たに開発されるプロダクトや機能のマイクロコピーを書いたり、既存のものを更新したりする作業に多くの時間を費やすことになります。だからこそ、先手を打って状況を俯瞰し、より戦略的に立ち回らなければビジネスに大きな影響をおよぼすことはできません。その成果を定量的に示すのはむずかしいですが、UXライターの仕事の多くはビジネスの効率改善に関わるもので、ユーザーには間接的にしか伝わらないものです。しかし、これまでもくり返し述べてきたように、ビジネスまたはユーザーのいずれかにもたらされる改善は、概して双方にとっての大きな成功につながります。

「UXライターは一日中何をしているのか」と聞かれた時、私はまずマイクロコピーについて説明します。多くの人が何気なく目にするマイクロコピーですが、その背後には一文字一文字に熟慮を重ねる専門家がいます。しかし、UXライターの仕事はそれだけではありません。中でも特に楽しくやりがいのあるものに、Content Opsやボイス＆トーンの調整、会話デザイン、ワークフロー管理などがあり、いずれもビジネスに大きな影響を与えています。

Content Ops（コンテンツオプス）

Content Ops[1]は、UXライターの仕事の中でユーザーには直接見えない部分です。Content Opsに関わる仕事は組織の内部で完結するため、ユーザーがその成果物を目にすることはありません。内部の最適化によって節約されたリソースを他の用途へ再配分できるようになり、ビジネスは迅速にその恩恵を受けます。そうしてビジネスの効率化に一役買った適切なContent Opsは、一貫性の欠如や遅延といった頭痛の種からユーザーを救い出します。アクセシビリティの改善で一部のユーザーにとってのユーザビリティが向上すれば、すべてのユーザーが使いやすくなるのと同じように、ビジネスの効率化もユーザーの体験を改善します[2]。

■ コンテンツ管理のための文書化

私たちが担う仕事の幅広さと奥深さ、そしてそれを小さなチームで担うことが多くなるという現状を考えると、文書化とプロセスは極めて重要です。Content Opsを担当するということは、コピーのバージョンや一貫性に欠けた部分を把握し、意思決定の経緯を記録して、実際に使われる文字列の「インベントリ（目録）」を管理することです。こうした作業にはGoogleドキュメントやGoogleスプレッドシートが使われてきましたが、最近はそれらに代わる新しいツールも登場しています。デザインツールやコードと一体化したものを使えば、コピーの管理や更新は効率化され、リソースも節約できます。

Content Opsを担うことは、マイクロコピーの戦術的なライティングにとどまらず自律的に働くUXライターにはより適しているかもしれ

※1　Content Ops（コンテンツオプス）：Content Operation（コンテンツオペレーション）の略記。コンテンツの開発と運用の両担当者が密に連携して柔軟でスピーディーな開発と運用を実現しようとする考え方やその方法論
※2　詳細は https://courses.utterlycontent.com/p/content-operations-masterclass を参照

ません。いずれにせよ、すべてのUXライターには、チーム運営の一部に責任を持つことについてマネージャーと話し合うことをおすすめします。たとえば、新しいツールが登場するたびに、そのツールの有用性をUXライターが率先して下調べすることに異論はないはずです。最終的な決定権をそのUXライターが持つことはないかもしれませんが、「新しいツールにアンテナを張る」役割は個人の専門的な成長とチーム全体の効率向上に寄与することでしょう。

■ 組織全体への教育

　Content Opsには、UXライティングに関する体系的な教育を組織全体に行き渡らせることも含まれます。たとえば、新入社員向けにボイス＆トーンのオンボーディングモジュールを作成したり、ユーザーの目に触れるコピーを担当する人たちを支援するための部門横断的なワークショップを定期的に開催したり、「コピーが決まるまでの工程」について質問に答える時間を設けたりすることが考えられます。教育は、自分たちの仕事に対する情熱を示す素晴らしい方法です。その熱意が他のチームにも伝われば、コラボレーションがすべての人にとってより楽しく、生産的なものになるでしょう。

■ コンテンツ制作プロセス

　Content Opsのもうひとつの側面は、コンテンツ制作プロセスを構築し、最適化することです。たとえば、私が勤めていた会社のビジネスステークホルダーが、収益を上げるためにユーザーへ提供する新しいインセンティブやプロダクトを考案したことがありました。その際、コンテンツ担当者がそのチームからフィードバックを受け取るタイミングが遅く、しかも間接的だったという問題が生じたのをきっかけに、対策として2つのミニプロセスを導入しました。ビジネスステークホルダーと

コンテンツステークホルダーの接点を設けるのが狙いです。そして、1つ目の接点を「ランゲージキックオフ」、その1週間後に行う2つ目の接点を「ランゲージチェックイン」と名付けました。

1) **ランゲージキックオフ**は、コピーの草稿を作る前に行うユーザーリサーチに似たプロセスです。私たちUXライターは、ビジネスの裏側で進行中の複雑な事情を理解することよりも、ユーザーとの直接的なコミュニケーションの方をより得意とします。キックオフでは、ビジネスステークホルダーが語る新たな構想にじっと耳を傾けましょう。どんな取り組みなのか、社内外のどんな文脈に関係するのか、どのオーディエンスセグメントを対象とするのか、どの部分がターゲットオーディエンスに響くと考えているのかなど、彼らが語る内容を聞きながら、使われる言葉や表現に注目し、引用や要約を記録します。そして、コピーの草稿に取り掛かります。

2) **ランゲージチェックイン**では、ビジネスステークホルダーにコピーの初稿サンプルを見せます。このプロセスの狙いは軌道修正です。ビジネスステークホルダーから得た情報を落とし込んだコピーを見せて、理解に齟齬がないかどうかを確認します。問題ないところもあれば、間違いを指摘されるところもあるかもしれません。このやり取りを経てから残りのコピーに取り掛かりますが、この後はコピーをビジネスステークホルダーに見せることはありません。そこは完全に省略します。コピーが完成に近づくにつれて、プロダクトマネージャーやコンプライアンス担当者など多くの関係者に意見をもらいますが、ビジネスステークホルダーには早い段階で関与を終えてもらい、「船頭多くして船山に上る」状況を避けましょう。

　この簡潔でシンプルな2段階のプロセスによって、文脈の情報と適切な用語のヒントをビジネスステークホルダーから直接もらえるようになりました。草稿の段階ですり合わせを行うことで、誤用や不適切な配置

Content Ops（コンテンツオプス）

を後から修正するといった手戻りを未然に防ぐことにもなりました。時間の節約だけでなく、情報源の明確化も実現されましたし、バージョン管理もしやすくなりました。直接やり取りをする2つのミニプロセスのおかげで、Google ドキュメントで非同期にコメントをやり取りするよりもはるかに効率的で楽しいコラボレーションが実現したのです。ビジネスステークホルダーは、自分たちの意見が聞き入れられ、自分たちも積極的に関与していると感じるとともに、彼らの適度な関与のもとコンテンツ制作プロセスの進行もスムーズになりました。

　コンテンツ制作プロセスを管理し、存在しない場合は作成すること、そして定期的にこれらを見直して最新の状態に保つこと。これらすべてがContent Opsの一部です。

■ コンテンツ関連業務の拡張性の維持

　Content Opsには、組織の成長にあわせて仕組みやプロセスを柔軟に拡張できるようにするという取り組みも含まれます。たとえば私が率いていた「コピーギルド」では、Google ドライブの共有フォルダを管理し、コピー関連の文書が全社にわたって共有されるようにしました。また、アクセス権を効率的に管理するためのベストプラクティスも確立しました。おかげで、資料の所在を問い合わせたり、アクセス権のリクエスト承認を待ったりする手間が省けただけでなく、人事異動にも柔軟に対応できました。

コンテンツスタイルガイド（CSG[※3]**）**を作成し、便利な**コンテンツ管理システム（CMS**[※4]**）**をイントラネットに配置するのもギルドの取り組みでした。CSGを効果的に活用できるよう、社内のコンテンツクリエイター向けにワークショップも開催しました。CSGへのアクセス権管理やCMSの保守、新規メンバーのオンボーディングや継続的なトレーニングの実施もギルドの責務です。こうした業務に責任者を置くことはとても重要で、私たちUXライターが担わなければ、他に手を挙げてくれる人はいないでしょう。時間とエネルギーが節約され、社内ユーザーはスキルを伸ばして成長し、ユーザーにはより一貫した体験が届くようになることを考えれば、この労力には十分な価値があります。

　私たちのギルドでは「Writer[※5]」と呼ばれるツールも導入しました。「Grammarly[※6]」に似ていますが、Writerは社内ガイドライン専用です。Content Opsの一環として、ツールを選定するためのリサーチを行い、適切に権限を取得し、システムへ統合するためにさまざまなチームと連携しました。ライセンスの管理、チームメンバーへのトレーニング、そして保守管理もギルドの担当です。また、継続的に指標を追跡し、ライセンスの再配布、年間契約の更新やアップグレードを判断するための材料としました。

　コンテンツ関連文書の体系的な整理、CSGの開発、体系的な教育、自動化ツールの選定や管理など、これらすべてがContent Opsの拡張性を高める要素です。

※3　コンテンツスタイルガイド（CSG / Content Style Guide）：コンテンツに使用する書式や言葉づかいの基準を定めたガイドのこと。コンテンツの一貫性と品質を保証するのが目的
※4　コンテンツ管理システム（CMS / Content Management System）：Webサイトやデジタルコンテンツの作成、管理、公開を容易にするシステムのこと。CMSを使うと、技術的な知識のないユーザーもコンテンツを編集、更新できるようになる
※5　詳細は https://writer.com/ を参照
※6　詳細は https://www.grammarly.com/ を参照

Content Ops（コンテンツオプス）

■ 仲間を増やす

　コンテンツクリエイターにとって、自分たちの書いた言葉を手放すことは簡単ではありません。言葉一つひとつを我が子のように大切にしたい気持ちはあるものの、それでは拡張性が損なわれますし、私たち自身も無限に拡張できるわけではありません。ライターも人間です。いくら人員を増やしても、健全に成長を続けるビジネスであれば、私たちに管理しきれないほどのコンテンツが常に存在することになります。だからこそ、コピーギルドの外にいるコンテンツクリエイターの増強が重要になります。その方法をいくつか紹介しましょう。

- CSGとトレーニング資料を作成し、配布すること。各部門に散らばるコンテンツクリエイターに基準を揃えてもらうための最初の一歩です。
- 「Writer」のような自動化ツールを探し出し、そのライセンスを各部門に広めること。
- 定期的にワークショップを開催し、CSGとツールに対する社内からのフィードバックに対応すること。これにより、コンテンツクリエイターは、自分たちの組織が世界に向けて発信するすべての言葉をより良くするための真のパートナーになるでしょう。

　あなた自身があらゆる場所に存在するのは不可能ですが、あなたが作った基準なら社内の津々浦々にまで行き渡らせることができます。

　私たちが目指すべきは、コピーが正しく作成されることをすべてのステークホルダーが気にかけているという状態です。コンテンツクリエイターではない人たちに、そうした私たちの取り組みを支援する力を持ち、実際に行動を起こしてもらうために、社内で数々の講演やワークショップを行ってきました。

その効果は実証済みです。「コード内にリーダビリティガイドライン違反を見つけて、自分たちで修正した」と、エンジニアが自慢げに報告してくれることがあります。コンプライアンス担当者は、ライター職ではない人が書いたコンテンツに注意を促し、コンプライアンス部門による承認プロセスへ進む前にコピーギルドのレビューを受けるよう求めました。プロダクトマネージャーは、コピーギルドのメンバーから正式な承認が出ないうちは、どんなに些細な修正も受け入れようとしませんし、デザイナーも、煮詰める前のコピーが残っている部分を完了とみなすことはありません。

周囲の人たちがUXライティングを深く理解し、評価するようになれば、ビジネスはもちろんユーザーも、そしてコンテンツ関連の取り組み全体が恩恵を受けます。コンテンツに関わる仲間を支援することも、Content Opsを担うUXライターの重要な責任の一部です。

ボイス&トーン

ボイス&トーンの開発、文書化、配布、そして品質管理は、間違いなく私たちの責任範囲です。企業やブランド、そしてユーザーセグメントとともに、ボイス&トーンも進化していかなければなりません。

■ ボイス&トーンの開発

ボイス&トーンの調整を始める前に、ビジネス目標にも似た方針のようなものを確立する必要があります。ボイスライティングの原則がすでにあるかどうかをまず調べてみてください。何も見つからなければ、勤続年数の長い社員にプロダクトのボイスがどう進化してきたかを聞き、創業者や経営陣にはボイスに関するビジョンの共有を依頼してくださ

い。マーケティング部門との対話も重要です。マーケティングのコピーとプロダクトのコピーでトーンが異なっている場合には一致させましょう。そうしないと、ユーザーに一貫性のない印象を与える危険があります。

　ボイス＆トーンがすでに確立されているかどうかに関わらず、私たちはまず、利用可能な資料をすべて精査し、それが現在の目標に合致しているかどうかを判断しなければなりません。必要に応じて資料の拡充や再構成を行いますが、最初からの練り直しが必要になる場合も視野に入れておきましょう。このプロセスの成功は、ステークホルダーと連携してブランドのパーソナリティを決めること、ユーザーのペルソナを作成または再評価すること、そしてブランドとユーザーとの会話のあり方を定義する大まかなガイドラインを策定することなど、複数の要因に依存します。ボイス＆トーンを開発する時の実践的なガイドとしては、Kinneret Yifrah（キネレット・イフラ）の『Microcopy: The Complete Guide』（『UXライティングの教科書 ユーザーの心をひきつけるマイクロコピーの書き方』― 翔泳社, 2021）がおすすめです。

　優れたUXライティングを実践するための重要な基盤となるボイス＆トーンですが、それだけでは不十分です。続いて、スタイルガイドを作りましょう。ボイス＆トーンと同様にスタイルガイドも、ブランド全体で採用する言葉づかいや表現方法の開発、それらの文書化、配布、品質管理までをカバーします。

　ボイス＆トーンのガイドラインの詳細部分にあたるのがスタイルガイドで、会社の方針にもとづく具体的なルールを記載します。たとえば、ボタンのラベルをタイトルケースで書くか（例：Read More）、センテ

ンスケースにするか（例：Read more）といったキャピタライズ[※7]の問題、ダッシュ記号（―）の前後にスペースを置くかどうか、イギリス英語とアメリカ英語のどちらにするか（他の言語でも同様の意思決定が必要になる場合があります）、日付の記述形式などです。これらの決定には、ボイスを反映したものも含まれます。たとえば、プロダクトのボイスが「会話調」を柱としていれば、スタイルガイドは「肯定形の短縮形[※8]」の使用を推奨するかもしれません。一方で、月名の省略形にピリオドを付けるかどうか（Jan. と Jan の違い）のように、ボイスとはほとんど関係なく、一貫性のために文書化が必要なものもあります。

　ユーザーが接するのはプロダクトであり、マーケティングチームやプロダクトチーム、UX チームやエンジニアリングチームではありません。だからこそ、プロダクトの個性を反映し、一貫性と統一感のあるコミュニケーションを実現しなければなりません。そのためには、関係者全員が参照する信頼できる情報源としてのスタイルガイドを確立することが不可欠です。

　改善のために意見を募り、新しい視点を取り入れることの価値を忘れないでください。プロダクトのボイス＆トーンに携わるすべての関係者が、それを批判的に捉え、各自の視点からの調整を提案できるようにしましょう。

　サポートやセールスから届くフィードバックの価値は計り知れません。彼らは毎日ユーザーと接していて、どの言葉が共感を呼び、どれがそう

※7　キャピタライズ（capitalization）：文字の大文字小文字の使い方に関するルールやガイドラインを指す。文の最初の単語のみ大文字で始めて、残りはすべて小文字とする書き方を「センテンスケース（例：Sentence case）」、各単語の最初の文字をすべて大文字にする書き方を「タイトルケース（例：Title Case）」と呼ぶ
※8　肯定形の短縮形（positive contraction）：「I'm」や「You're」のように文の主語と動詞が短く結合した表記形式。これに対して「否定形の短縮形（negative contraction）」は「isn't」や「don't」といった、否定の意味を含む短縮形を示す。肯定形の短縮形は親しみやすい印象を与えるため、多くのブランドスタイルガイドで推奨されている

ボイス＆トーン　147

でないかを私たちよりもよく知っています。業界における言葉づかいの変容について重要な情報を提供し、対応策をアドバイスしてくれるのは、競合分析に多くの時間を費やしているマーケティング担当者です。全員でアンテナを張り、プロダクトのボイス＆トーンを育てていきましょう。

■ ガイドラインの文書化

ボイス＆トーンの開発が一通り完了したら、最終的な決定事項を書き出します。それまでに出たさまざまな意見（中には衝突する意見もあったかもしれません）を踏まえて修正をくり返してきたことでしょう。プロダクト、ユーザー、そして市場が変化するのと同じように、言葉も変化を続ける生き物だと認識し、「現時点での最終的なガイドライン」と割り切って文書化することが重要です。

ボイス＆トーンのガイドラインに記載されるべき内容は次のとおりです。

- 基本原則
- 具体例
- 決定の経緯をたどるためのリンク
- ベストプラクティスの根拠となる参考資料
- 問い合わせやフィードバックの連絡先情報

私が勤めるFundboxのスタイルガイドは、規範と具体例を記したシンプルなものです。加えて、質問や提案をしたい人が気軽に連絡できるように連絡先情報も載せて、積極的なフィードバックを求めています。

文書のフォーマットと公開方法を考えましょう。選択肢には、Googleドキュメント、Confluenceページ、Webサイトなどが考えられます。

Fundboxの場合は、Mailchimp[※9]が公開しているCSG（図5.1）を参考にしてフォーマットを決め、イントラネットで社内に向けて常時公開する形にしました（図5.2）。

図5.1：MailchimpのCSGは一般公開されており、お手本として最高です（詳細は https://styleguide.mailchimp.com を参照）。

図5.2：FundboxのCSGは、Mailchimpにならって作成されました。一般には非公開ですが、このスクリーンショットで雰囲気をつかんでください。

※9　Mailchimp（メールチンプ）：中小企業向けにデザインされたマーケティングプラットフォーム。メールマーケティングの自動化や顧客リストの管理、広告キャンペーンの設計と実施といったマーケティング機能を提供している

ボイス＆トーン　149

FundboxのCSGは、使いやすくて共有も簡単です。アクセス管理サービスのOkta[10]と統合しているため、手動での権限付与が必要なく、社員全員が容易かつ安全にアクセスできます。スタイルガイドの導入はワークショップ形式で行い、「誰が」「何を」「いつ」「どこで」「なぜ」「どうやって」使うべきかを徹底的に学んでもらいました。特に力点を置いたのは「どうやって」の部分です。Mailchimpとは違って、Fundboxのガイドは一般には非公開としました。公開するかどうかは各社の判断によります。自分たちにとっての最適解を見つけてください。

CMSが構築されていれば、CSGの管理者がエンジニアリング部門などに頼らず迅速に編集や更新を行えます。文書は、その形式に関わらず柔軟かつ俊敏に変化を受け入れられなければなりません。プロダクトもユーザーも市場も常に変化していますから、定期的かつ積極的にフィードバックを集めて更新し続けることが重要です。ユーザーと毎日対話をするセールスやサポートからの貴重な洞察を参考に、正確で有用な文書を作りましょう。そうした貴重な洞察を盛り込むことのできる柔軟性をプロセスに組み込むことが大切です。

私は、マーケティング部門のコピーライターに支えてもらいながらこの取り組みを推進してきました。CMSへのアクセス権を持つ私たちは、最新情報にもとづいてガイドを最新の状態に保ち、必要に応じて変更を加える責任を負っています。適切なチームに適切なタイミングで、適切な方法を使ってガイドを届ける責任も私たちにあります。さらに、ボイス＆トーンの適用や一貫性の確保を容易にしてくれる「Writer」のようなツールのリサーチと導入も私たちの役割です。

※10　Okta（オクタ）：従業員や顧客が様々なアプリケーションやサービスに安全にアクセスできるようサポートするクラウドベースのID管理サービス

■ ボイス＆トーンの配布と教育

さて、文書は誰と共有すべきでしょうか？ まず第一に、マーケティングチームとプロダクトチームです。これらのチームは、最初にボイス＆トーンの作成と文書化を主導したチームである可能性が高く、そうだとすれば、すでに深く関与しています。次に、セールスやサポート部門などユーザーとの直接的なコミュニケーションを担っている人たち全員と共有します。最後になりますが、コーポレートコミュニケーション、広報、事業開発部門など、ユーザーに直接関わらない外部向けのコミュニケーションを作成するチームも巻き込みます。ガイドを厳しくテストするためのユースケースが多ければ多いほど、また多くの人の目を通して精査すればするほど、ガイドの改善が進み、ユーザーの体験とビジネスブランドの強化も進みます。

文書の共有とあわせて、どのような教育を提供すべきでしょうか？ 全社員にメールを送るだけでは何も変わりません。次のような方法を試してみましょう。

- **インタラクティブオンラインモジュールを開発**し（利用できるプログラムがたくさんあります！）、既存社員に割り当てるだけでなく、新入社員のオンボーディングにも活用します。
- **ワークショップを開催**して、プロダクトのボイス＆トーンを各チームに紹介して回りましょう。インタラクティブな演習を盛り込めば、参加者自身が実際に試せるうえ、私たちもその場で直接サポートできます。
- **ワークショップの様子を録画**して参加者に共有すれば、復習に使ってもらえますし、参加できなかったメンバーにも見てもらえます。

創造的な方法でプロダクトのボイス＆トーンを関係者に届けましょう。

ボイス＆トーン **151**

トレーニング資料やガイドラインを活用して学習をサポートすれば、ユーザーやビジネスのために適切なコミュニケーションを実現しようとする取り組みを関係者が支えてくれるようになるでしょう。ボイス＆トーンの配布をしっかりと計画して実行することは、見過ごされがちですがUXライターの大切な役割のひとつです。

■ 品質管理

　プロダクトのボイス＆トーンを文書化し、教育とあわせて導入した後は、それが一貫して包括的に適用されていることを確認しなければなりません。これは**品質管理**の一環です。最初のうちは、新たに作成されるコミュニケーションのすべて（ないしは一部）を、ボイス＆トーンの責任者がレビューするプロセスを設けるか、「Writer」のような自動化ツールを導入する必要があるかもしれません。組織の規模や成熟度、そしてUXライターの対応能力などによっては、各チームにアンバサダーを置くという手も考えられます。彼らをしっかり教育すれば、彼らが自部門のコミュニケーションを監督する役割を担えるようになるでしょう。

　品質管理とは、全員が質問やアイデアをどこに持ち込めば良いかを知っていて、それらが真摯に受け止められることを保証することです。そのために、私たちはSlackチャンネルを設けました。受け取った質問やアイデアは、しばしばCSGの更新に役立ちます。また、プロダクト内外のコミュニケーションや資料にも注意を払い、ローンチ前に見落としをキャッチしたり、過去のエラーを修正するためのチケットを発行したりできるようにもしています。

　ボイスを作ることだけが、UXライターの仕事ではありません。ボイスが生き生きとするように、最後まで責任を持って伴走することがUXライターの役割です。

会話デザイン

　ユーザーに画面を介した操作を求めていた従来のUIに代えて音声インターフェースを使えば、運転中や公園で子どもを見守りながらでも操作が可能になります。これがプロダクトの成功や、ひいてはビジネスの成功にどう影響するのかを考えてみましょう。プロダクトのアクセスポイントを増やせば、既存機能の露出が増えてより大きな価値を生むようになるのでしょうか？　それは果たして、投資に見合うのでしょうか？

　音声インターフェースやチャットボットを含む会話デザインは、多くの機会をもたらします。音声インターフェースやチャットボットをまだ導入していない場合には、それらを導入するためのリサーチをUXライターが担い、ユーザーへの影響とビジネスへの影響の両面から潜在的なROIを見積もります。両者にとっての価値につながるかどうかを徹底的に調べなければなりません。技術的な要素も多く含まれますが、それでもUXライターが主導すべきです。私たち以外に引き受けられる人はいないでしょう。UXライターは「言葉」が絡む体験の責任者であり、音声インターフェースやチャットボットを介した会話も（たとえそれがまだ存在しなくても）私たちの責任の範疇にあります。会話デザインの可能性を探るには、実装、保守、最適化、そして拡張性まで見据えた計画を練らなければなりません。さらに詳しく知りたい方には、エリカ・ホールの『Conversational Design（邦訳未刊行）』をおすすめします。

■ チャットボット

　Facebook Messengerがチャットボットへの対応APIを発表した2016年以降、世界中のデジタルプロダクトでチャットボットを見かけるようになりました。チャットボットは、ユーザーとの会話をシミュレートするソフトウェアで、SMS（携帯電話番号に届くテキストメッ

セージ）やアプリ内のテキストチャットウィジェットを介して機能します。デスクトップ環境では、画面の右下に吹き出しの形で表示されるのが一般的です[11]。

　人間のオペレーターよりも素早く、24時間対応してくれるチャットボットは、ユーザーにとっては便利ですし、複数のユーザーに同時に対応できるという利点はビジネスにとっても申し分ありません。基本的に無料なうえ、拡張性も高いです。ただし、設計されたとおりに会話が進まなかった場合は、人間の担当者に引き継がれます。それでも、ボットが大半の問い合わせを処理してくれるので、担当者の数はずっと少なくて済みます。ユーザーにとっても、ビジネスにとっても良いこと尽くしで誰もが満足できそうですが、これを実現するのはUXライターの仕事です。

　チャットボットの導入には、単なるライティング以上の仕事が伴います。ユーザーからの主な問い合わせがどんな会話につながるかを推測するためのリサーチに加えて、次のような作業を行わなければなりません。

- プロトタイピングツールを使ってフローを設計する。
- 技術的な実装要件を把握し、実装すべき会話に優先順位を付ける。
- 分析ツールを選定し、ユーザーとボットとのやり取りから学んだことを改善につなげるプロセスを構築する。
- ボットからの引き継ぎを受けるサポート担当者と連携する。
- チャットボット用のテキストを実際に書く。

　より詳しく学びたい方は、Hillary Black（ヒラリー・ブラック）のフォローがおすすめです[12]。

※11　詳細は https://www.chatbot.com/chatbot-guide を参照
※12　詳細は https://www.hillary.black を参照

■ 音声ユーザーインターフェース

　Siri、Googleアシスタント、Alexaなどに代表される**音声ユーザーイ ンターフェース（VUI / Voice User Interface）**を使えば、ユーザーは 音声コマンドを使ってデジタルプロダクトを操作できるようになります。 VUIの長所は挙げればきりがありませんが、たとえば、運転中に重要な 「目を使わない操作」、料理中や赤ちゃんを抱えている時に必要な「手を 使わない操作」、そして視覚に障害を抱えるユーザーのためのアクセシ ビリティなどがあります。

　VUIには、ユーザーがその存在を「発見しにくい」という大きな課題 があります。音声アプリの機能をどうやって調べれば良いのでしょうか。 また、プライバシーも重要な課題のひとつです。医療情報や金融データ のようなプライバシー侵害につながりかねないことを声に出して伝えな ければならないのはどうしたものでしょう？[※13]

　総じて考えれば、VUIが**グラフィカルユーザーインターフェース（GUI / Graphical User Interface）**を補完する方法が見えてきます。一部の 体験に限ればVUI単独で機能する場合もあるかもしれませんが、VUIが 向かないケースもあるでしょう。流行に乗るためや単に「できるから」 という理由で音声オプションに手を出すのはやめましょう。いつものこ とですが、ユーザーのニーズとビジネス目標の双方を満たすためにVUI が役立つかどうかを検討すべきです。

　組織が適切な理由でVUIの導入を考えている場合、それを実現できる のはUXライターです。チャットボットと同様に、たとえ仕事の大半が ライティングでないとしても、UXライターがこのプロジェクトを率い

※13　詳細は https://www.interaction-design.org/literature/topics/voice-userinterfaces を参照

会話デザイン　155

るべきです。以前、社内ハッカソンでエンジニアと一緒にAlexaスキルを作成したことがありますが、予想以上にライティングが少なくて驚き、少々がっかりしました。それが、会話デザインを専門にするのはやめようと決意した理由のひとつです。しかし、他の人にとっては、会話デザインこそが刺激的で挑戦的な仕事になるかもしれません。

責任者となるからには、VUIを導入するかどうかの判断と導入方法の決定に必要なリサーチを行うこと、実現に向けて必要な承認を得ること、ライティングに限らずプロジェクトと関連するすべての要素を管理することが求められます。VUIがユーザーとビジネスの双方にとって適切な選択であれば、それはUXライターがROIに影響を与えつつ、ユーザーの体験を向上させるための新しく、画期的で素晴らしい方法となります。さらに情報が必要な方は、Preston So（プレストン・ソー）の『Voice Content and Usability（邦訳未刊行）』とCathy Pearl（キャシー・パール）の『Designing Voice User Interfaces』（『デザイニング・ボイスユーザーインターフェース —音声で対話するサービスのためのデザイン原則』— オライリージャパン, 2018）を参照してください。

プロジェクトマネージメント

UXライターは、デザイナーやプロダクトマネージャーよりも少人数で多くのプロダクトや機能のライティングを担うことになりますから、効率よく進めるには、タスクをバランスよく割り振るためのフレームワークが不可欠です。つまり、各プロダクトや機能で**個別に**「**KAPOW**」**を実施する一方で、ビジネスニーズ全体を通しての仕事量を包括的に管理するフレームワークも必要**になります。

これをうまくこなせば、ほとんど手間を増やすことなく、より大きな効果を得られます。がむしゃらに働くのではなく、賢く効率的に働きま

しょう。戦略的に優先順位を付け、範囲や規模を正しく見積もり、自動化できるところは自動化して、透明性を保ちながらステークホルダーと連携すれば、より精度の高い仕事をしてビジネスへの影響を高めることができます。

■ 包括的なプロセス

UXライターとして、自分たちが主導する取り組みに常に専念できるわけではありません。「戦略的なコピーの改善に着手できれば最高だけれど、日々の火消しに忙しくてそれどころじゃない！」と感じている読者は多いのではないでしょうか。目標を見つけて取り組むことの重要性を強調してきましたが、実際の仕事の多くは、受けた依頼に対応することです。では、どうすれば受け身の対応から積極的な働きかけへと移行できるでしょう？

まず、新しい依頼を受け付けるプロセスを固める必要があります。都合の良い時にSlackやメールで「文言を1つお願い」と言ってきたものがいつの間にか6つに増えているようなやり取りは機能しません。オフィスで直接声をかけられて依頼を受けるような状況もダメです。完璧な解決策はありませんが、定めたプロセスを明確に伝えて徹底することが大切です。プロセスを守らずになされた依頼は無視されることを周知しましょう。これは個人的な問題ではなく、関わるすべての人の利益を最大化するためのプロセスです。依頼が見落とされることなく、私たちが責任を持って対応の優先順位を付けられるようにするには、このプロセスが必須です。

依頼主たちが、UXライターの受けている仕事の内容を確認できるようにする手もあります。たとえばAsana[14]ボードを使えば、完了待ち

※14　Asana（アサナ）：プロジェクトやタスクの管理に使われるWebベースのプラットフォーム

プロジェクトマネージメント　　**157**

のタスクを一覧できるようになり、ライターが対応中のタスクや予想よりも時間がかかっている理由を関係者に理解してもらえます。「語るより見せる」という原則をここでも活用しましょう。

　チームの一員として働く場合、次のステップとして受けた依頼をトリアージ[15]することが必要になります。タスクの依頼主には、そのタスクの担当者を知らせるようにしましょう。そうすれば、依頼が受理されたことと、フォローアップの連絡先が明確になり、チーム全体が不要な連絡を受け取ることがなくなります。

■ 影響力

　依頼を受け付けるプロセスを整えたら、次は**どの依頼から取り掛かるか**を決めなければなりません。ToDo リストを優先順位付けする際には、緊急性も大切ですが、個人的には影響力を重視すべきだと考えます。タスクが解決しようとしている問題は何か、それは是が非でも解決しなければならない問題か、それとも解決が望ましい程度の問題か、それは本番環境のバグ修正か、それとも一般的な改善提案かなどをタスクの依頼主とともに確認しましょう。もちろん、解決が望ましい問題や一般的な改善も無視すべきではありませんが、より影響力の大きなプロジェクトを優先すべきです。

　どんなタスクにも時間が必要で、時間は限られたリソースです。ひとつのタスクに時間を使うことは、他のタスクに割り当てる時間を削ることです。このトレードオフを賢く見定めなければなりません。

※15　トリアージ（triage）：緊急度や重症度など複数の観点から総合的に判断して患者の治療順序を決めることを意味する医療用語。転じてビジネスでは、限られたリソースを最大限に生かしつつ、さまざまな観点を考慮して何を優先するか（何をやらないか）を明確にすることを指す

■ 緊急性

　緊急性を考慮しなければならないのは明らかです。たとえば、そのタスクがセキュリティ侵害の修正に関するものであれば、迷わずToDoリストの先頭に置いてください。実施時期が未定のマーケティングキャンペーンをサポートするためのタスクであれば、後回しにしましょう。影響力と緊急性が一致することもあります。たとえば、セキュリティ侵害はビジネスに甚大な悪影響をおよぼしますから、ダメージを最小限に抑えるべく直ちに対処する必要があります。

　締め切りにもとづいてトリアージを行うには、具体的な期日が必要です。「ASAP（なるべく早く）」は締め切りではありません。タスクの依頼主には、具体的な期日の指定がタスクの受け付けには必須であり、ASAPと指定されたものはToDoリストの一番最後に回されることをはっきりと伝えましょう。

　締め切りの決め方を知らない依頼主をサポートする必要もあるかもしれません。そのタスクが何を遅らせているのか、どのような依存関係があるのかなどを聞き出し、それらがすべて解決されるまでのタイムラインを確認しましょう。もしそのタスクが、計画されている主要機能の導入を遅らせる懸念があるとしたら、緊急性を正しく判断するためにその導入予定日を知る必要があります。この時点で導入予定日が未定ということもありますが、その場合は導入予定日がいつ決まるのかを確認し、その日程を考慮してトリアージします。たとえば、タスクの依頼主から、たった1日で済むタスクだけれど、プロダクトチームが仕様を確定するまでは動かないでもらいたいと言われたら、その期間は別のタスクにあてることにして待機時間を有効活用します。

依頼主が提示した締め切りを鵜呑みにするのはやめましょう。依頼主が余裕を持って締め切りを見積もるのは実際によくありますが、UXライティングのプロセスを熟知した依頼主ばかりではありません。タスクを完了するのに必要な時間を、彼らが正確に見積もれるとは限らないのです。依頼主から「至急！」と言われたけれど、実際には次のスプリントまで手を付ける必要はなかったということがありました。逆に、「時間はたっぷり丸3日もある」と言われたタスクに2倍以上の時間がかかることもあります。短いテキストほど仕上げるのに時間がかかることを知らない人が多いため、こうした誤解が頻繁に生じます。

「速やかに」という感覚は主観的なものです。締め切りを具体的に確認できるまで質問を重ね、他のタスクと比較したうえで優先順位を付けられるようにしましょう。

■ スコープ

現実的なタイムラインについて話し合うには、タスクのスコープ、つまりその規模もしっかりと把握する必要があります。依頼主は通常、コピーを書くというタスクひとつにどれだけ時間がかかるかを理解していませんが、それは問題ではありません。私たちの方から質問をくり返して、スコープを正しく見定めます。

500単語のコピーを頼まれた際、依頼主は数日かかると考えていましたが、エバーグリーンコンテンツ[16]を活用できたため、実際にはわずか1時間で完了しました。一方、10単語のエラーメッセージについて検証を依頼された時には、数分で終わるという依頼主の予想に反して、それが表示される状態やユーザーのセグメント、入力ポイントなどを詳

※16　エバーグリーンコンテンツ（evergreen content）：時期やトレンドに左右されることなく、長期間にわたって価値を持続するコンテンツのこと

しく調査する必要があると判断し、2日かかると見積もりました。

　スコープを指定するのは依頼主ではありません。それを正確に見積もるためのツールと経験を持っているのは私たちUXライターです。自分たちを含む全員が恩恵を受けられるよう、期待値を適切に管理しましょう。各タスクの規模を正確に捉えて、優先順位を付けます。たとえば、影響力が大きいうえにスコープも巨大なタスクと、影響力は小さいけれど1時間で終わるタスクがあった場合、おそらく小さなタスクを先に片付けることになるでしょう。コピーのタスクに「先着順」はありません。さまざまな要因を考慮して、どれから着手すべきかを決定します。

　UXライティングに携わり始めた頃、あるプロダクトマネージャーから期限付きの依頼を受けました。そして、その期限には間に合わせられないと気づいて慌てましたが、別のプロダクトマネージャーからは「慌てる必要はまったくない」と言われました。思い返せばたしかに、依頼主が締め切りを設定するより先に私がタスクのスコープを見積もるべきでした。私がより正確な見積もりを出し、もしその見積もりが長すぎたなら、依頼主がタスクのスコープを見直すという手順があるべき姿でした。アドバイスを受けた後、私は依頼主のところへ戻り、指定された期日までに何ができるか、タスクすべてを完了できるのはいつになるかを伝え、締め切りを遅らせるか、タスクのスコープを縮小するかを選んでもらいました。すると彼は、締め切りを遅らせる方を選び、私からの申し出に対しては何も気にしませんでした。アドバイスどおり、私が心配する必要はまったくなかったのです。タスクのスコープは固定されたものではなく、専門家同士のオープンなコミュニケーションによって正しく見積もられるものです。

■ 自動化

本書はこれまで、私たちが人間であることを前提にしてきましたが、もし自動化ツールによって私たちの能力が拡張されたらどうでしょうか？ たとえば、スタイルガイドの不整合を自動修正するプラグインを導入すれば、ステークホルダーはより精緻な草稿を作成できるようになり、全員の時間が節約されます。アクセシブルで使いやすく、網羅的なスタイルガイドと「Writer」のようなプラグインを組み合わせれば、これまでUXライターが行っていた多くのタスクを省くことができます。もちろん、これらのツールが才能ある人間に取って代わることはありませんが、簡単な作業を自動化することで、私たちはより複雑な領域に集中できるようになります。

ツールの調査、承認の取得、インストール、配布、トレーニングの実施、保守管理などの作業には時間が割かれますが、それにより得られる効果は、結果として節約される時間という形で何倍にもなって返ってきます。タスクの処理をより迅速かつ効率的に進める方法を常に模索し続けましょう。

■ 透明性とコミュニケーション

どんな受け入れプロセスを採用し、緊急性やスコープをどのように定義するにせよ、一貫して重要なのはコミュニケーションです。透明性を上げて、プロセスや進捗を依頼主にも見えるようにすればするほど、彼らはパートナーとしての意識を持ち、私たちの時間を尊重し、納品物にも満足してくれるようになるでしょう。私たちは、誰にも見えない「ブラックボックス」であってはなりません。むしろ誰もが観察できる「透明な水槽」のようであるべきです。

人間同士の直接的なやり取り

コミュニケーションに最も大きな影響をおよぼすのは、人間同士の直接的なやり取りだと思います。たとえば、スタイルガイドを導入する際には、すべてのコンテンツクリエイター向けにワークショップを開催して、使い方を説明してはどうでしょうか。プロダクトチームの日々のミーティングに参加して、タスクの受け入れプロセスを説明するのも名案です。ただし、適切な手続きを踏んで議題に載せてもらってからにしてください。Asanaボードなどを使って、各ステップを視覚的に捉えられるようにするのも効果的です。そうすれば、更新や納品のタイミングと方法を伝えやすくなります。

理解に苦しんでいそうな人がいれば、積極的に声をかけて問題を突き止めます。ステークホルダーの戸惑いを払拭するための提案を素直に受け入れましょう。全員にとってうまく機能しないプロセスには意味がありません。できるだけ円滑に仕事を進めたいと、私たち全員が思っています。そのためには協力が不可欠で、ルールやプロセスに従わない人に厳しく対処したところで効果はありません。柔軟に、さまざまな視点を受け入れる姿勢で臨めば、最良の結果をもたらすプロセスを構築できるはずです。

要件の文書化

さまざまな専門分野をまたいだコミュニケーションが求められる状況では、要件の文書化が非常に効果的で、その形式もさまざまです。たとえば、ビジネスステークホルダーからプロダクトマネージャーへのブリーフィング、プロダクトマネージャーからUXチームへのプロダクト要求仕様書（PRD / Product Requirements Document）、プロダクトマネージャーからエンジニアへのJiraエピック[17]などがあります。

※17　Jiraエピック：プロジェクト管理ツール「Jira」の用語で、複数のタスクやストーリーをグループにまとめたもの

プロジェクトマネージメント　**163**

要件には、次のステップを担うチームが解決策を開発するために必要なすべての情報が記されますが、解決策そのものは含まれません。要件を受け取ったら、そのとおりに動かなければならないということではなく、対話の始まりと捉えてください。要件を無条件に受け入れる必要はありませんし、そうしないことがむしろ推奨されます。たとえコピーをひとつ追加するだけだとしても、文脈をしっかり把握するまでは作業に取り掛かるべきではありません。要件を受け取る立場であれば問うべき質問、要件をまとめる側であれば答える準備をすべき質問の例をいくつか見てみましょう。

- この要件がビジネスの観点から必要な理由は何ですか？ あるいは、規制関連ですか？
- この要件がユーザーの観点から必要な理由は何ですか？ 直接ユーザーとやり取りしているチームからの情報にもとづいていますか？
- この要件がプロダクトの観点から必要な理由は何ですか？ 機能に変更がありましたか？
- この課題を解決しようとする時に考慮すべき技術的な、またはその他の制約にはどのようなものがありますか？
- 納期はいつですか？ それまでのタイムラインはどうなっていますか？
- 仕掛かっている他のプロジェクトと比較した場合のこのタスクの優先度はどのくらいですか？

要件には、プロダクトマネージャーがUXライターに必要だと想定するすべての情報が含まれていますが、私たちが必要とする情報を彼らが把握しているとは限りません。このコミュニケーションは、彼らに私たちが求める情報を把握してもらうための絶好の機会です。精度の高いPRDを作ってもらえるようになれば、結果として私たちも大いに助かります。

「チーム」になろう！

　UXライティングの仕事はマイクロコピーにとどまりません。Content Ops、ボイス＆トーン、会話デザイン、そして組織全体のニーズを俯瞰したうえでの優先順位付けなどが、ユーザーの体験とビジネスの双方に多層的な影響をおよぼします。

　また、UXライティングは孤立して行うものではありません。むしろ逆です。もしかしたら、組織の中で最もコラボレーションを必要とする職務のひとつかもしれません。UXライターが良い仕事をするには、さまざまな専門分野と連携するための良好な関係と明確なプロセスが必要です。

　これを実現するには、互いを**チームメイト**と呼び合い、UXライターとビジネスステークホルダー（そしてユーザーも）が「成功」という共通の目標を持っていることを認識する必要があります。頻繁に口頭でコミュニケーションを取り、明確な文書を提供し、UXライティングのプロセス、ライターの仕事量、タスクの優先順位などについての透明性を保つことで、「チーム」の機能を最大限に活用し、全員にとっての利益を実現しましょう。

さらにその先へ！

> これは終わりではない。終わりの始まりですらない。だがおそらく、始まりの終わりだ。— ウィンストン・チャーチル卿

　名前すらなかったUXライティングも、着実に進化を遂げ、今ではしっかりとした役割を担うまでになりました。しかし、今ここで止まるわけにはいきません。UXライティングという分野のこれからの発展に関わる決定的な瞬間にいる今、次にどう進むかを私たち自身が決めようとしています。UXライティングの幼年期には、明確な形も計画もありませんでした。幼児期には基礎を築きましたが、まだ不安定でした。声を大にして主張を続けていた思春期も経てきました。今は、未熟ではありますがやっと大人になったところです。自力では何もできずにいた私たちも、思慮深く、効率的に取り組めるようになりましたが、道はまだ続きます。今こそ、私たちの業界がさらに発展し、世界に大きな痕跡を残すための道を選ぶ時です。

　ここで、専門分化を考えましょう。基本原則やモデルを体系化し、形式化するのは素晴らしい（そして必要な）出発点でしたが、今はさらに深く掘り下げて、より賢く、洗練された、高度なスキルを身につける時です。プロダクトマネージャーがB2BやB2Cに特化するように、私たちUXライターも特定の専門分野を持つべきです。アクセシビリティ、インクルーシビティ、ローカライゼーションのすべてを万能なUXライターが単独で担うのではなく、各分野の専門家を育て、協力する体制を整えるべきです。また、**品質の高いライティングを行うために必要なリサーチの時間を確保**できるようにもならなければなりません。

最も重要なのは、私たちUXライターがビジネス全体に対する自分たちの役割を再考することです。長い間、私たちはユーザーのために声を上げ続けてきました（そうせざるを得なかったからです！）。しかしその結果、プロダクトの世界を支える存在であるユーザーとクリエイターを含むエコシステムとしてプロダクトを見る視点を失ってしまいました。ユーザーとビジネスのニーズは根本的に対立するものだと考えがちですが、実際には両者はお互いにとって最も重要なパートナーです。火消し役としての戦闘的な態度から、より広い視野で冷静に物事を見るアプローチに変えていこうではありませんか！ そうすれば、「より良いコピー」がUXライティングの原則に忠実に従ったものだけを指すわけではなく、関係者が共有するビジネス目標をより効果的に達成するコピーこそが本当の意味の「より良いコピー」だということを理解できるようになるはずです。

　私たちは、ユーザーだけでなく、組織全体に散らばるチームメイトとのコラボレーションにもっと重きを置く必要があります。UXライティングのカンファレンスでは、ライティング技術だけでなく、コラボレーションについても議論がなされるべきです。どうすれば、ステークホルダーにもっと話をしてもらえるようになるでしょう？ ビジネスステークホルダーから文脈に関する情報を最大限引き出し、優れたコピーに変えるにはどうすれば良いのでしょう？ さまざまな専門分野のエキスパートと連携して、最高の成果を上げるにはどんな方法が考えられるでしょうか？ 要するに、共に成功を目指すには、どうするべきなのでしょう？

　すべては明確なコミュニケーションから始まります。ビジネスとその目標を他の誰よりも深く理解し、その目標を達成するために必要なものを明確に説明できなければなりません。ビジネスが使用する指標を用いて迅速かつ明確に結果を示し、それを複数のプロダクトユニットに対し

て同時に行うことも求められます。UXライティングのROIを測るための
フレームワークである「KAPOW」は、そのための素晴らしい出発点
になります。KAPOWで達成した内容を定量的な指標と定性的な指標の
両方で分析するのが次のステップです。最終的には、Content Opsと
プロジェクトマネージメントを通じて、単なるコピーライティングの枠
を超えてビジネス目標の達成を目指します。

　私がこの本を書いたのは、成熟期に入ったUXライティングの今後を読
者の皆さんと共に歩き始めたいと願ったからです。私たちは「終わりの
始まり」にいるのではなく、むしろ「始まりの終わり」に立っています。
専門分化、コラボレーション、そしてユーザーとプロダクトの結びつき
をビジネスの観点からさらに深めること、これらが私たちを成功へと導
く新たな鍵となるでしょう。

リソース

　本文ではさわり程度にしか触れられなかった分野が多数ありました。そこを
もっと掘り下げて勉強したいという読者のための情報をまとめます。

■ 書籍

　良書はたくさんありますが、どれも似かよっているので選ぶのが大変です。
迷った時には、以下を手に取ってみてください。

- 『**Accessibility for Everyone（邦訳未刊行）**』、**Laura Kalbag（ローラ・カル
バグ）**
アクセシビリティに関する優れた入門書です。業界にいるすべての人が、ア
クセシビリティという広範なテーマについて現場で使える基礎的な知識を身
につけるべきです。まずはここから始めましょう。
https://abookapart.com/products/accessibility-for-everyone

- 『**Content Design（邦訳未刊行）**』、**Sarah Richards-Winters（サラ・リチャー
ズ＝ウィンタース）**
「コンテンツデザイン」という用語を生み出した本です。プロダクトコンテン
ツの視点から書かれているわけではありませんが、UX ライターの考え方や
仕事にかなり通じています。
https://contentdesign.london/store/the-content-design-book

- 『**Conversational Design（邦訳未刊行）**』、**Erika Hall（エリカ・ホール）**
強烈なインパクトをもたらしてくれる一冊です。すぐに使えるベストプラク
ティスをまとめた軽い読み物ではありません。人間のコミュニケーションの
歴史から始まる深遠な内容です。今を生きる人たちのためにインターフェー
スを書くとはどういうことなのかを考えさせてくれます。
https://abookapart.com/products/conversational-design

169

- 『**Cultivating Content Design（邦訳未刊行）**』、**Beth Dunn（ベス・ダン）**
  UXライティングをUXライターという専門家が担うようになり、さらに多くの企業がその価値を認識するにつれて、UXライターのチームが形成されるようになってきています。そんな中で、この書籍の重要性はますます高まっていくでしょう。
  https://abookapart.com/products/cultivating-content-design

- 『**Don't Make Me Think（超明快 Web ユーザビリティ —ユーザーに「考えさせない」デザインの法則—ビー・エヌ・エヌ新社, 2016）**』、**Steve Krug（スティーブ・クルーグ）**
  UX分野の古典的名著。短くて楽しい読み物です。
  https://www.oreilly.com/library/view/dont-make-me/9780133597271

- 『**Just Enough Research（最善のリサーチ—マイナビ出版, 2024）**』、**Erika Hall（エリカ・ホール）**
  ユーザーリサーチに対するすべての反論を打ち破り、リサーチから最大のROIを得る方法を解説しています。
  https://abookapart.com/products/just-enough-research

- 『**Letting Go of the Words（邦訳未刊行）**』、**Janice (Ginny) Redish（ジャニス・（ジニー）・レディッシュ）**
  実例やケーススタディが豊富な古典的一冊です。
  https://redish.net/books/letting-go-of-the-words

- 『**Microcopy: The Complete Guide（UX ライティングの教科書 ユーザーの心をひきつけるマイクロコピーの書き方—翔泳社, 2021）**』、**Kinneret Yifrah（キネレット・イフラ）**
  UXライティングの戦術とヒューリスティックスに関する知識を固めるために最適な一冊です。
  https://www.microcopybook.com/

- 『**Presenting Design Work（邦訳未刊行）**』、**Donna Spencer（ドナ・スペンサー）**
  本文でも触れたように、私たちの仕事の大部分は成果を伝えることです。プレゼンテーションはUXライターにとっても大切な仕事の一部です。
  https://abookapart.com/products/presenting-design-work

- 『Strategic Writing for UX（戦略的UXライティング ―言葉でユーザーと組織をゴールへ導く― オライリージャパン, 2022）』、Torrey Podmajersky（トーリー・ポドマジェルスキー）

  UXライティング戦略の強固な基盤を築くための一冊です。

  https://torreypodmajersky.com/strategic-writing-for-ux/

- 『Writing is Designing（邦訳未刊行）』Andy Welfle（アンディー・ウェルフル）、Michael J. Metts（マイケル・J・メッツ）

  UXライターは「単に書く」のではなく、言葉を使ってデザインしているのだという考え方へ視点を転換させてくれます。

  https://www.writingisdesigning.com/
  2024年11月時点リンク先移転 https://rosenfeldmedia.com/books/writing-is-designing/

■ カンファレンス

　書籍は出版時点の情報に限定されますが、カンファレンスでは常に新しい情報が飛び交っています。カンファレンスに参加すれば、最新の情報とインスピレーションを受け取って、UXライティングのコミュニティや実践に貢献することができます。

- Button（ボタン）

  Brain Trafficが主催する、プロダクトライター向けの最大かつ最高のカンファレンスです。

  https://www.buttonconf.com

- Confab（コンファブ）

  コンテンツ領域の広範囲をカバーするカンファレンスで、残念ながら、主催のBrain Trafficから2023年の開催が最後と発表されました。Confabが終了するとは言え、過去のスピーカーを調べればフォローすべき人物のヒントを得られます。また、過去の講演内容のまとめやその他のコンテンツも一読の価値があります。

  https://www.confabevents.com/

- Utterly Content（アタリーコンテンツ）

  Pickle Jar Communicationsが主催する、グローバルかつバーチャルで参加できる、コンテンツデザインに関するカンファレンスです。

  https://www.utterlycontent.com/

■ ポッドキャスト

「それ、ポッドキャストで聞いたよ!」というのが私の口癖なのは職場でよく知られた話です。通勤中や犬の散歩中に聞いた最近のポッドキャストを話題にしない日はほとんどありません。一般的な話題やより良い意思決定に関するポッドキャストを聞いていることが多いですが、UX関連のものをいくつかご紹介します。

- 『UI Breakfast』、Jane Portman（ジェーン・ポートマン）
  デザイン全般に関するポッドキャストですが、少なくとも2つのエピソードがUXライティングに特化しており、そのうちの1つには私も登場しています。彼女は素晴らしいホストで、リスナーが直接聞いてみたいと思うような質問をゲストへ的確に投げかけます。没頭したくなるデザインのトピックを新たに探している時は、彼女のポッドキャストの過去配信一覧を見てみてください。
  https://uibreakfast.com/155-writing-microcopy-with-yael-ben-david

- 『The Content Strategy Podcast』、Kristina Halvorson（クリスティーナ・ハルボーソン）
  Brain TrafficのCEOであり、ConfabやButtonカンファレンスのプロデューサーでもあるハルボーソンがホストを務めるこのポッドキャストは、コンテンツに関する世界の最新動向やトレンドを常に取り上げています。このポッドキャストをチェックしていれば、コンテンツ業界の情報通になれるでしょう。
  https://www.contentstrategy.com/

- 『The NN/g UX Podcast』
  UX全般に関する信頼できる情報源です。
  https://anchor.fm/nngroup

- 『Writers of Silicon Valley』、Patrick Stafford（パトリック・スタッフォード）
  新しいエピソードの制作は終了していますが、アーカイブにはUXライティング分野で活躍するゲストと興味深い話題について交わすトークが満載です。特に、Shayla Byrd（シャイラ・バード）とのアクセシビリティに関するエピソードは必聴です。
  https://www.writersofsiliconvalley.com/
  アクセシビリティに関するエピソード https://www.writersofsiliconvalley.com/episodes/2020/3/3/accessibility-and-diversity-ux-writing-shayla-byrd

■ 文言管理ツール

あちこちのミートアップで、ライターたちが「Google Docs 以外で良い文言管理ツールを使っている人はいませんか？」と質問し合う場面に何度も遭遇しましたが、私も良い答えを持ち合わせていませんでした。しかし、常に課題となって立ちはだかっていたボイス＆トーンの管理に取り組んでくれるスタートアップが、ついにいくつか登場してきました。ここでは、私が役立つと感じた文言管理ツールを紹介します。

- **Ditto**
  https://www.dittowords.com/
- **FlyCode**
  http://flycode.com/
- **Frontitude**
  https://www.frontitude.com/
- **Strings**
  https://www.strings.design/（2024年11月時点で閲覧不可）

■ その他のライティングツール

- **Content Design London's Readability Guidelines**
  読みやすいコンテンツを作成するためのベストプラクティス集で、多くの人が寄せてくれる根拠あるデータにもとづいています。
  https://readabilityguidelines.co.uk/
- **Writer**
  ボイス＆トーンとスタイルガイド管理をメインとするツールで、ガイドラインの適用と一貫性を確保するために使えます。一方で、デザインとコードへの統合はあまり重視されていません。
  https://writer.com/

173

- **Balsamiq**
  UX設計の初期段階で、コンテンツ構造を大まかに検討するために使用していたワイヤーフレームツールです。
  https://balsamiq.com/

- **The A11Y Project**
  アクセシブルなデジタル体験を設計しやすくするための豊富なリソース集です。コミュニティ主導で作成されています。
  https://www.a11yproject.com/

- **The Mailchimp Content Style Guide**
  ボイス＆トーンのベストプラクティスとして、長い間UXライティングの金字塔と言われてきました。使いやすく設えられたスタイルガイドが公開されているため、Fundboxでスタイルガイドを作成する際のお手本としました。
  https://styleguide.mailchimp.com

私のその他のコンテンツ

　この本に収まらなかったコンテンツを、さまざまなオンラインプラットフォームで共有しています。もしこの本を楽しんでいただけたなら、以下もチェックしてみてください。

- **X（旧Twitter）**
  https://twitter.com/YaelBenDavid
- **ブログ**
  https://yaelbendavid.medium.com/
- **ウェブサイト**
  https://www.yaelbendavid.me/

参考文献

　参考文献・URLについて、本文中では脚注で表記したものをここに一覧としてまとめています。また本書サポートサイト（p2参照）にも同様の内容を掲載しております。

■ はじめに

※2 https://www.ted.com/talks/doug_dietz_the_design_thinking_journey_using_empathy_to_turn_tragedy_into_triumph

■ 第1章

※5 https://www.nngroup.com/articles/100-years-ux

※6 https://www.youtube.com/watch?v=DIGfwUt53nl

※8 https://podcasts.apple.com/us/podcast/strategic-ux-writing-w-content-strategist-torrey-podmajersky/id1351536285?i=1000500095278

※10 https://docs.microsoft.com/en-us/typography/develop/word-recognition

※14 https://www.youtube.com/watch?v=DIGfwUt53nl

※18 https://www.strings.design/blog/the-past-present-and-future-of-ux-writing-and-content-design-an-interview-with-kristina-halvorson
（2024年11月時点で閲覧不可）

　アーカイブサイトにて同内容を確認可能
　https://web.archive.org/web/20220401082958/

■ 第2章

※4 https://www.fullstory.com/

※5 https://www.usertesting.com/

※6 https://costofdelay.com/cost-of-delay
（2024年11月時点で閲覧不可）

アーカイブサイトにて同内容を確認可能
https://web.archive.org/web/20221004223304/

※9 https://anchor.fm/nngroup/episodes/5--ROI-The-Business-Value-of-UX-feat--Kate-Moran--Sr--UX-Specialist-at-NNg-en5ff7

※10 https://www.nngroup.com/articles/three-myths-roi-ux

■ 第3章

※1 https://www.nngroup.com/articles/calculating-roi-design-projects/

※2 https://articles.uie.com/three_hund_million_button/

※4 https://www.confabevents.com/2021-segments/stop-worrying-about-when-youre-included-and-start-doing-the-work

※5 https://www.youtube.com/watch?v=FUXZZSa8Igk
（2024年11月時点で閲覧不可）

※6 http://bokardo.com/archives/writing-microcopy

※7 https://www.nngroup.com/articles/do-interface-standards-stifle-design-creativity/

※11 https://www.st-andrews.ac.uk/hr/edi/disability/facts/

※12 https://www.w3.org/TR/WCAG21/

※14 https://www.invisionapp.com/inside-design/writing-accessible-microcopy/

図3.14内 https://accessibe.com/

※15 https://hemingwayapp.com/

※16 https://readabilityguidelines.myxwiki.org/xwiki/bin/view/Main/
2024年11月時点リンク先移転 https://readabilityguidelines.co.uk/

■ 第4章

※1 https://www.nngroup.com/articles/calculating-roi-design-projects/

※3 http://confirmshaming.tumblr.com/

※4 https://www.usertesting.com/

※6 https://www.bbc.co.uk/gel/guidelines/how-research-is-different-for-ux-writing

※8 https://vwo.com/success-stories/zalora

※9 https://uxplanet.org/the-abcs-of-measuring-the-user-experience-of-your-product-or-service-f079d0676d5e

※10 https://www.bbc.co.uk/gel/guidelines/how-research-is-different-for-ux-writing

※11 http://webusability.com/firstclick-usability-testing
（2024年11月時点で閲覧不可）

アーカイブサイトにて同内容を確認可能
https://web.archive.org/web/20211128153320/

※12 https://www.usability.gov/how-to-and-tools/methods/first-click-testing.html

図4.5内 http://neoinsight.com/about-us/case-studies/16-static-content/corporate/about-us/45-first-click-libraries

■ 第5章

※2 https://courses.utterlycontent.com/p/content-operations-masterclass

※5 https://writer.com/

※6 https://www.grammarly.com/

図5.1内 https://styleguide.mailchimp.com

※11 https://www.chatbot.com/chatbot-guide

※12 https://www.hillary.black

※13 https://www.interaction-design.org/literature/topics/voice-user-interfaces

訳者あとがき

　本書の翻訳にあたっては、著者ヤエル・ベン＝デイビッド氏の語り口を日本語でも忠実に再現することを目指しました。

　UXライティングの第一線で活躍するベン＝デイビッド氏は、常に読者を意識し、明確で伝わりやすい言葉を慎重に選んで『The Business of UX Writing』を執筆しました。その語り口は、平易な語彙を使いながらも知的で、堅実です。しかし、堅苦しくなりすぎることなく、読みやすさが絶妙に保たれている点が印象的でした。また、控えめなユーモアや軽やかな表現がところどころに織り交ぜられており、リズミカルに読み進められるよう配慮されているとも感じました。そうした著者の意図を汲み取って日本語でも再現するよう心がけました。依頼されたコピーを書くことに終始する働き方から一歩踏み出して、UXライティングの真価を示し、ユーザーに優れた体験を届けると同時にビジネスにも貢献するという役割を担う覚悟を持ったUXライターの皆さまにとって、手元に欠かせない一冊となれば幸いです。ビジネスステークホルダーの皆さまには、UXの向上とビジネス目標の達成を共に目指すパートナーとしてUXライターを捉え、協業するためのガイドとしてご活用いただきたいです。

　本文の最後にある「（UXライティングは）組織の中で最もコラボレーションを必要とする職務のひとつかもしれません」という著者の言葉のとおり、UXライティングの今後をさらに明るいものとするには、組織の垣根をも越えたコラボレーションが不可欠です。その足掛かりとしてもぜひ本書をご参考ください。

　最後に、本翻訳プロジェクトを生み、支えてくださっているUX DAYS PUBLISHINGの菊池さんと横田さん、本書のプルーフリーディングをお引き受けくださった大石さん、坪井さん、そして編集を担ってくださったマイナビ出版の藤島さんに深く感謝申し上げます。

　本書を手に取ってくださった読者の皆様がUXライティングを通じて実現する世界を、ひとりのユーザーとして楽しみにしております。

2024年11月

奥泉 直子、池田 茉莉花

索引

【アルファベット】

A/Bテスト ……………………………………… 114
CAC ………………………………………………… 128
CMS ………………………………………………… 143
Content Ops ………………………………… 13, 139
CSG ………………………………………………… 143
CTA …………………………………………………… 22
DEI …………………………………………………… 98
GUI ………………………………………………… 155
if-then文 …………………………………………… 62
KAPOW ………………………………………… 48, 156
KPI …………………………………………………… 70
LTV ……………………………………………… 94, 108
NPS ……………………………………………… 93, 117
RICE ………………………………………………… 51
ROI ……………………………………………… 18, 70
SEQ ………………………………………………… 117
UI …………………………………………………… 15
UXD ………………………………………………… 15
UXR ………………………………………………… 15
UXW …………………………………………… 8, 12, 15
UXデザイン ……………………………………… 15
UXライター ……………………………………… 12
UXライティング ……………………………… 8, 12, 15
UXリサーチ ……………………………………… 15
VUI ………………………………………………… 155

【あ行】

アクセシビリティ ………………………………… 95
穴埋めテスト …………………………………… 132
インクルーシビティ ……………………………… 98
インクルージョン …………………………… 73, 98
インタビュー …………………………………… 126
インパクト ………………………………………… 52
インベントリ …………………………………… 139
ウィジェット ……………………………………… 23

エバーグリーンコンテンツ …………………… 160
オーディエンス …………………………………… 73
音声ユーザーインターフェース ……… 155
オンデマンドライブラリ ……………………… 28

【か行】

カードソーティング …………………………… 121
会話デザイン ………………………………… 12, 153
キャピタライズ ……………………………… 21, 147
ギルド ………………………………………… 38, 142
グラフィカル
　ユーザーインターフェース ……………… 155
クリックテスト ………………………………… 119
クローズドキャプション ……………………… 96
グローバルコミュニティ ……………………… 39
公平性 ……………………………………………… 98
顧客獲得コスト ………………………………… 128
コンテンツオペレーション ……… 13, 139
コンテンツ管理システム …………………… 143
コンテンツクリエイター …………………… 144
コンテンツスタイルガイド ………………… 143
コンテンツデザイナー ……………… 12, 32
コンテンツデザイン …………………………… 29
コントロールグループ ………………………… 63
コンファームシェイミング …………………… 107

【さ行】

思考発話 ………………………………………… 129
車輪の再発明 …………………………………… 20
自由記述アンケート ………………………… 127
主要業績評価指標 ……………………………… 70
シングルイーズクエスチョン ………… 117
信頼度 ……………………………………………… 53
信頼のバズワード ……………………………… 26
スコープ ………………………………………… 160
選択的記憶 ………………………………………… 63

179

選択バイアス ……………………… 127
センテンスケース ………………21, 147
操作課題 …………………………… 129

【た行】
タイトルケース ……………………21, 146
多様性…………………………………98
チームメイト ……………………… 165
遅延コスト ……………………………61
知識の呪い ………………………… 123
チャットボット …………………… 153
テストグループ ………………………63
投資収益率 …………………… 18, 70
トリアージ ………………………… 158

【な行】
ネットプロモータースコア ………93, 117

【は行】
バイアス …………………66, 109, 122
ハイライトテスト ………………… 132
バズワード……………………………22
ビジネスステークホルダー
　　　　　　　…36, 46, 72, 112, 140
ビジネス目標 ………… 42, 70, 105, 145
費用便益分析 …………………………72
品質管理 …………………………… 152
フェイルセーフ …………………… 113
フォールバック ………………………94
フリクション ………………… 26, 83
ベストプラクティス ………………16, 20
ヘルパーテキスト ……………………89
ベンチマーキング…………………… 106
ボイス＆トーン ……………………13, 145
包括性…………………………………98
北極星…………………………………44

【ま行】
マイクロコピー ………………… 12, 86, 138

マニピュリンク …………………… 107

【や行】
ユーザーインターフェース ………………15
ユーザビリティテスト …………………… 129

【ら行】
ライフタイムバリュー ………………94, 108
ランゲージキックオフ ……………… 141
ランゲージチェックイン……………… 141
リーダビリティガイドライン …… 25, 97
リーチ……………………………………52
労力……………………………………54
ローカライゼーション ……………… 101

著者について

Yael Ben-David(ヤエル・ベン＝デイビッド)

ヤエル・ベン＝デイビッドは高度な機能や複雑な仕組みを持つプロダクトのライティングを得意とするUXライター兼コンテンツデザインリーダーです。データによる裏付けの取れた明確で効果的なコピーを通じて、革新的な技術を大衆へ届けることに情熱を注いでいます。綿密で意図的な設計にもとづく、細部にまでこだわった精巧な体験を創造するという比類なき挑戦を愛し、ミートアップやカンファレンス、マスタークラスや大学の講座で自身の仕事や経験を共有しています。世界中を転々とした後、ジャーナリズムの学士号と神経生物学の修士号および博士号を取得し、夫と3人の子供、そして1匹の愛犬とともにイスラエルに落ち着きました。

翻訳者について

奥泉 直子（おくいずみ なおこ）

フリーランスのユーザーリサーチャー

小樽商科大学卒。中京大学情報科学研究科認知科学専攻、修士課程通信教育課程修了。業界や国内外を問わず、さまざまな商品やサービスの開発や改善を目指すものづくりのプロジェクトに数多く従事。また、人間の認知特性を踏まえて調査に臨むことの意義とそのためのノウハウを伝える講義やセミナーの講師を務め、後輩の育成と指導にも積極的に関わる。

訳書に『ローリーとふしぎな国の物語』（2017, マイナビ出版）、『ウェブ・インクルーシブデザイン』（2023, マイナビ出版）、共著書に『HCDライブラリー第7巻 人間中心設計における評価』（2019, 近代科学社）、『ユーザーインタビューのやさしい教科書』（2021, マイナビ出版）、著書に『ユーザーの「心の声」を聴く技術』（2021, 技術評論社）などがある。

池田 茉莉花（いけだ まりか）

UI/UXデザイナー

千葉大学デザイン学科卒。千葉大学大学院デザイン科学専攻修士課程修了。デザイナーとしてWebサービスやアプリのUX設計やUIデザイン、フロントエンド実装に従事。主にスタートアップや新規事業のサービス開発支援を行う。

監訳について

UX DAYS PUBLISHING

日本最大級のUXイベントのUX DAYS TOKYOの書籍の出版や翻訳を手掛ける
部門として海外の書籍を独自のネットワークで仕入れて、「絶対に読みやすい
本や利用しやすい本」を目指して翻訳や執筆を手がける。

A Book Apartについて

現役のデザイナーやエンジニアが貴重な時間を無駄にしなくて済むように、
Webデザインや開発に関連する新しく重要なトピックを、分かりやすく、簡潔
にお届けします。

STAFF

プルーフリーディング	大石 量平、坪井 康彦
ブックデザイン	霜崎 綾子
DTP	富 宗治
編集	角竹 輝紀、藤島 璃奈

UX ライティングというビジネス

2024年12月24日　初版第1刷発行

著者	Yael Ben-David
翻訳	奥泉 直子、池田 茉莉花
監訳	UX DAYS PUBLISHING
発行者	角竹 輝紀
発行所	株式会社マイナビ出版
	〒101-0003　東京都千代田区一ツ橋2-6-3 一ツ橋ビル 2F
	TEL：0480-38-6872（注文専用ダイヤル）
	TEL：03-3556-2731（販売）
	TEL：03-3556-2736（編集）
	E-Mail：pc-books@mynavi.jp
	URL：https://book.mynavi.jp

印刷・製本　株式会社ルナテック

Printed in Japan
ISBN978-4-8399-8474-8

- 定価はカバーに記載してあります。
- 乱丁・落丁についてのお問い合わせは、TEL：0480-38-6872（注文専用ダイヤル）、電子メール：sas@mynavi.jpまでお願いいたします。
- 本書掲載内容の無断転載を禁じます。
- 本書は著作権法上の保護を受けています。本書の無断複写・複製（コピー、スキャン、デジタル化等）は、著作権法上の例外を除き、禁じられています。
- 本書についてご質問等ございましたら、マイナビ出版の下記URLよりお問い合わせください。お電話でのご質問は受け付けておりません。
  また、本書の内容以外のご質問についてもご対応できません。
  https://book.mynavi.jp/inquiry_list/